《广西民族大学学报》人类学文萃

全球视野下的人类学

ANTHROPOLOGY IN A GLOBAL CONTEXT

主编 谢尚果 秦红增

SSAP
社会科学文献出版社
SOCIAL SCIENCES ACADEMIC PRESS (CHINA)

目录

CONTENTS

第一编

医学人类学

批判医学人类学的历史与理论框架*

〔美〕莫瑞·辛格/著　林敏霞/译**

【摘要】本文回顾了20世纪70年代以来批判医学人类学的产生和发展过程，并解释了批判医学人类学理论体系中的核心概念，指出：在人类学框架内，用批判的眼光看待医疗体制中存在的问题的解决是非常有意义的；在政治经济发展全球化的今天，建立一个涉及多元文化批判的完整体系可以促使人们更深刻地了解医疗和医疗护理。

【关键词】批判医学人类学；健康；疾病；医疗霸权；医疗化

一　背景

从20世纪中期开始，医学人类学就展现出一种应用倾向。大部分医学人类学家所做的工作主要集中在理解与人类疾病和健康相关的问题和事件上，并给予反应，因为这些健康问题是受社会组织、文化和社会环境的影响出现的。比如，过去几年中，美国西班牙人健康协会研究部人员与中国的同事合作，对广东省江门市的毒品注射行为进行调查。之所以选择这个地区，是因为该地区毒品注射者中报告携带HIV的数量在整个广东省较多。仅在2000年，江门市就报告175名HIV感染者，占江门市累积HIV

---

* 本文原载于《广西民族大学学报》（哲学社会科学版）2006年第3期，收入本书时有修改。

** 莫瑞·辛格（Merrill Singer），美国著名医学人类学家，批判医学人类学的倡导人之一，人类学与艾滋病研究国际网络主席，耶鲁大学艾滋病跨学科研究中心科学家。林敏霞，浙江台州人，广西民族大学人类学专业2003级硕士研究生。为尊重原文起见，本书中所有作者和译者简介均为文章发表于《广西民族大学学报》（哲学社会科学版）时的信息，收入本书时略有删改。

病例数的79%，占全省全年累积HIV病例数的33%。我们研究的目的是了解基于什么原因江门市的毒品注射者共用注射器，并最终在事实基础上提出一个建议，以控制HIV在毒品注射者中的传播。就像大多数医学人类学的项目一样，我们在江门市的工作意在丰富有关人类行为的知识，同时运用这些知识去解决现实的卫生问题。

尽管医学人类学十分强调研究实际的与卫生和健康相关的问题，但是，医学人类学的研究普遍在该学科中一种或者其他与之相联系的几种理论观点的指导下进行。尽管在社会—文化环境下健康的理论体系的界限尚未明确，对于什么是主导理论方法也尚无一致的认识，但是大多数医学人类学家在工作中受该领域主流理论的影响。

在描述和比较医学人类学中最流行的理论方面，人们已经做了很多努力。在《疾病和医疗：一个人类学的视角》（*Sickness and Healing*：*An Anthropological Perspective*）一书中，Hahn（1995）界定了医学人类学的三个主要理论体系：环境/进化理论、文化理论和政治/经济理论。在《医学·理性·经验：一个人类学的视角》（*Medicine*，*Rationality*，*and Experience*）一书中，Good（1994）确定了医学人类学中的四个理论来源：经验主义的范式、认知的范式、意义中心（Meaning-centered）的范式以及批判主义的范式。最后，在《生态视角中的医学人类学》（*Medical Anthropology in Ecological Perspective*）一书中，McElroy和Townsend（1996）也讨论了四个分支，即医学生态理论、解释性理论、政治经济学或批判主义理论、政治生态理论。尽管在医学人类学中有不同的概念以及解释模式的归类和安排，但显而易见的是研究者基本上同意有几个基本理论指导着这个领域的工作。在这些观点中，最突出的是被称为批判医学人类学（CMA）的理论（Baer，Singer，Susser，2002；Morsy，1996）。

二　健康社会科学总的批判性观点

在医学人类学形成的早期阶段，它的解释狭隘地集中于微观层次，它从生态条件、文化结构或心理因素等有限的方面和水平去解释和理解与健康相关的信仰和行为。从批判医学人类学的批判立场来看，这些传统的方法在洞察了民间医学模式的本质和功能的同时，却忽略了更主要的促使人们做出决定和行动的原因以及决定性因素。从批判的角度来看，仅从人的个性、由文化决定的动机和理解力甚至地方性的生态关系对与健康相关的问题进行解释是不充分的，因为这歪曲、隐藏了社会关系的结构。此社会关系的结构联合（在某种程度上，经常是不平等地形成）并影响大多数人、社区甚至整个民族。相比之下，批判性的理解涉及对被 Mullings 称为“垂直联系”的密切关注。这种“垂直联系”把社会群体研究与更大的地域性、国家性和全球性的人类社会相联系，也把它与促使人类行为、信仰、态度和情感模式形成的社会关系结构联系在一起。在过去 150 年，这种更为宽广、全面的方法是被作为政治经济学的内容而闻名的。虽然正如 Morsy（1996）所强调的那样，它更深的根源可以追溯到一位 14 世纪北非学者 Abdul Rahman Ibn 的思想。

尽管政治经济学这个术语在社会科学中频频被使用，但对于这个术语是否存在一个清楚的认识是不确定的。在某种程度上，这种混淆可能根源于这样一个事实：和这个术语相联系的最基本的含意随着时间的推移发生了变化。艾里克·沃尔夫（Eric Wolf）在他的《欧洲以及无历史的民族》（*Europe and the People without History*）的半政治经济学性质研究的一书中探讨了社会语言性变化的本质以及这种变化的内在原因，这在批判性的观点中颇具影响。正如 Wolf（1982：7－8）强调，政治经济学的出现早于社会学、人类学、经济学和政治学等当代社会科学，并且它们都脱胎于前者。直到 19 世纪中叶，政治经济学还只关注对国家财富的研究，包括生产和财富在政治体以及构成政治体的社会阶层之间及其内部的分配。但是，中世纪的历史事件使政治经济学的综合研究领域开始分化，对于自然和社会多样性的研究分化为各自独立（但不平等）的专业和学科。

上述问题的关键，即资本主义生产方式逐渐占主导地位以及由此带来的一组相互对立的社会阶层的兴起，不仅破坏社会质询（Social Inquiry）体系，而且最终会破坏全球范围内所有社会已经存在的内聚结构和健康结构。在中世纪之前，革命的幽灵已在欧洲游荡，最终表现为一场森然逼近的阶级战争和武装冲突。在加剧的冲突中，社会团结和社会秩序的性质被作为一个具有重大学术意义的结构性问题提出，促使人们更多地在学术上质疑通常是不言而喻的社会功能。社会学的研究领域是从政治经济学的研究领域分化出来的，其明确的任务是探究社会关系结构和社会制度。这门新的学科把其核心工作定义为理解社会契约以及与社会团结相关的信仰和习俗的性质。这些义务、信仰和习俗把个体连接成家庭、小的群体、社会机构和整个社会。很快，早期的社会学家形成了一个看法：把个体之间的联系和团体的发展看作驱动社会运转和社会团结的自然的动力。这样，和政治经济学相关的问题就被淹没了，其中包括在国内和国际的财富生产过程中的各个阶级的关系、如何形成个体之间的联系的问题。

社会学关注的焦点是由资本主义生产方式地位上升所产生的大型工业社会，而其具有异国情调的姊妹学科——人类学的研究处于各个工业中心缝隙中的小型的非西方社会。在强调到自然中进行直接观察的方法论的引导下，人类学家把他们调查研究的方向对准了微观的细节以及个体文化对象所处的独一无二的社会文化结构，这在很大程度上忽略了总括性的过程以及社会联系。这些社会联系历史性地超越个体而存在，并把个体连接在一起，使其在资本主义的生产模式下发展（比如，国有公司的出现以及稍后出现的跨国公司和紧接而来的全球主义的兴起）。Wolf（1982）指出，当代所有的社会科学对于健康和卫生问题现在都已经发展出自己的方法（以及与之联系的次级学科），并把这些学科和方法的产生、存在归功于共同地对曾经是它们母学科的政治经济学的“背离”。

在这种转变结束后的一段时间里，随着社会科学领域中一套新的简便方法的兴起，那些依然试图坚持批判政治经济学方向的人在备受人们尊崇的学科中被贬斥。正如Navarro（1976）所指出的那样，政治经济学课程这个词都已经被玷污。在主流学术观点中，诸如阶级斗争、资本主义以及帝国主义这些观念和术语通常被当作浮夸矫饰的词而被排斥。此外，这样的术语通常在运用时候被加引号，这大概是在告诉读者这些词现在受到质疑。向西方社会科学期刊投稿的马克思主义者通常被要求重写他们的文章，要求他们使用一些“不带价值观念的术语”，因为只有这样，才和当时流行的社会学思想更协调。

尽管受到学界的冷落，但是一门通过政治经济的视角来分析当今社会医疗健康领域存在的问题的学科以及相关文献资料在20世纪70年代开始发展和丰富，到了20世纪八九十年代变得越来越重要。认同这门学科的人都持有这样的观念：社会当中的不平等现象和各个阶级力量不平衡对于人们的医疗健康、保健方式和医疗护理等方面都会产生重要的影响。因此，他们认为，批判式的方法对于阐明社会科学中经济体制、政治力量和社会意识形态之间的模糊关系是行之有效的。

三　批判医学人类学的起源

医学人类学成为人类学一门独立的分支学科始于20世纪50年代。然而，Mering（1970：272）声称：人类学和医学之间正式关系的建立要早于这个时间，应该是开始于Virchow在柏林致力于建立第一个人类学团体的时候。Virchow是一位对社会医学感兴趣的病理学知名专家。在1883～1886年，当Virchow还是柏林人种学博物馆的成员时，他的确已经影响了美国人类学之父弗朗茨·博厄斯。但是，直到20世纪70年代，Virchow所倡导的政治经济视角才对医学人类学的发展产生影响。

在1973年第九届国际人类学民族学大会的一个题为“人类健康的理想和现实”的研讨会上，与会代表们提出要使医学人类学发展为一门独立的批判性学科。6年之后，在Morsy（1979）的题为《医学人类学中的未明关系：政治经济与医疗健康》的评论文章中，其有意识地采用了医学人类学的批判观点。在他的文章中，有许多有关政治经济与医疗健康的文献资料，尤其是精通社会科学知识的医生Vincente Navarro的作品激励Baer（1982）写了一篇短评和相关的医学人类学文章。从1983年开始，其和其他学者在人类学家的会议上组织学者进行有关批判医学人类学的讨论，并且编辑和写作，向各个学科的相关期刊投稿，出书等。其核心目的就是通过社会的视角来观察和诊治各种疾病（Frankenberg，1980：199）。

批判医学人类学的出现反映了两个转变趋势：一个是向人类学中普通意义上的政治经济立场靠拢；另一个是通过对某个具体环境中行为方式的微观理解，用人类学的社会文化的眼光在广泛政治经济的背景下，解读医疗护理等问题。如Morsy（1996）所说，在医学人类学中用批判的眼光来看待医疗健康问题的解决之所以非常有意义，不仅是因为它关注医疗过程中出现的各类问题，更重要的是，它还把这些问题放在政治经济的背景下，用历史文化的眼光来看待。这样做的目的不是不关心疾病和治疗本身，而是全面考察健康、疾病和治疗与文化、社会地位的联系。

四　批判医学人类学的核心概念

健康：通常，用生物医学的观点来看，所谓健康就是没有病。而世界卫生组织认为这样的生物医学模式上的健康定义是有缺陷的。其认为所谓健康要具备三个基本的条件：身体健康、精神健康和社会健康。那么，是什么阻碍社会健康的实现呢？从批判的立场来看，在当今世界，这些障碍主要包括社会地位的不平等，阶级、性别、种族以及其他歧视，贫穷，结构性暴力，社会疾病，被迫在有毒环境中居住或工作，以及其他相关因素。因此，在批判医学人类学中，健康被定义为可以得到并控制基本的物质和非物质资源，在较高的满意度上维持生活和促进生活水平提高。健康绝对不只是生存，而是一个富有弹性的概念，必须在更广的社会文化情景中评判。

疾病：即使在最好的环境下，人类最终还会发现面临疾病（Disease）和病患（Illness）。和生物医学一样，医学人类学的一个核心问题就是：什么是疾病？这个问题对于生物医学的重要性是显而易见的。然而，医学人类学家却试图逃避对“什么是疾病”这个问题的回答：一方面他们把“疾病”（如临床病症）限定在医学领域；另一方面把“病患”（如患者临床病症的体验）界定在人类学研究的一个适宜的范围内。但是，从批判医学人类学角度看，通过超越人类学家的知识及其所关注的事物来界定疾病是一种退步。由于肌体、气候以及地理环境等因素，不同的社会疾病千差万别。不过，生产性活动、资源和生产的组织方式和实施方式以及基于社会资源分配的生活和工作条件等的差别，也会使不同的社会存在不同的疾病。从批判医学人类学立场看，离开社会背景来讨论特定的健康问题会弱化在环境、职业、营养、居住和际遇状况基础上的社会联系。疾病不只是病原体变化和生理性失调的直接结果。相反，一系列社会问题，诸如营养不良、缺乏经济保障、职业危机、工业污染、不标准的住房、无政治权利，都使人们容易得病。总之，疾病既是社会性的，也是生物性的。如此，无论是在医学领域还是在医学人类学领域，疾病都被视为一个既定的事实，即被视为缺乏部分生理性免疫能力，使人们倾向于忽略疾病的社会根源。McNeill（1976）认为，批判医学人类学力求弄清寄生性微生物（Microparasitism）和宏观寄生物（Macroparasitism）之间的关系。前者指微生物、机能失调以及个人行为等导致疾病的直接原因；后者指导致疾病的最终原因——剥削性的社会关系。

并发性流行（Syndemics）：由于医学人类学致力于在政治经济和生物社会相互作用的因果关系中确定和理解健康，故而，批判医学人类学研究疾病的方法有其特色，生物、流行疾病、患者、社区对于疾病的关注和理解以及促使疾病产生和发展的社会、政治以及经济等一系列因素都是其所要调查研究的。为了帮助描绘有关健康概念的巨幅图像，批判医学人类学家在19世纪90年代中期就引入了“并发性流行”的概念（Singer，1994，1996；Singer，Clair，2003）。传统上，生物医学的认识和实践有一个特点，其把疾病视为与其他疾病分离而存在的界限分明的独立实体，独立于发现它们的社会情景，故而倾向于隔离式的研究和治疗疾病。由于疾病由社会不公正所致并受其影响，批判医学人类学集中精力试图理解社会和生物的交叉联系。并发性流行这个术语，最简单地理解，指的是两种或者更多种流行病在个人体内相互作用（比如，在一个群体中几种特殊疾病发病率显著提高），其结果之一就是提高了一个群体的疾病流行率。这种指代现在正被疾病控制和防治中心的一些研究者使用。正如疾病控制和防治中心的并发性流行防治网的组织者 Millstein（2001）所指，在天地人等因素作用下，与健康相关的各种问题集结在一起，并发性流行就会产生。更为重要的是，并发性流行这个术语不仅指两种或者两种以上疾病或健康问题暂时性或区域性的并发，而且也指目前并存的疾病的相互作用的生物性作用所致的健康后果。比如，研究者们已经发现，同时感染 HIV 和结核杆菌（TB）会加重 HIV 病理学研究的任务，加速 HIV 的破坏进程（Ho，1996）。与此同时，研究表明，因为 HIV 破坏人类免疫系统，患有 HIV 疾病的个体相比那些 HIV 呈阴性的人来说，在接触 TB 时，结核病更易发展成为积极性的结核病并且 TB 迅速扩散。并发性流行更重要的特征不仅在于同时感染，而且还在于多种疾病交互作用，提高了感染的概率。并发性流行这个术语除了指集结于一个社区或人群中的疾病以及疾病间相互作用的生物过程之外，重要的是，它还指在疾病相互作用以及因果关系中起决定性作用的社会条件。比如，在美国，结核病在无家可归者的临时收容所和监狱中的比例很突出。由于住处拥挤、通风条件差，生活于贫困之中的人接触结核杆菌的可能性较高。对临时收容所的调查表明，它们已经成为结核杆菌在穷人中传播的焦点场所。一旦感染，这些穷人更有可能成为积极性的结核病患者，因为他们更有可能暴露在结核杆菌中（这使隐形蛰伏的细菌变为活动状态）；同时，也因为他们更有可能感染其他病菌和由于营养不良而长期性地处于免疫系统被破坏状态。而且，贫穷和歧视把穷人置于不利的处境。这可以从以下几个方面来看：他们可以获得的结核病的诊断和治疗的机会比较少；他们已经弱化的免疫系统，使得他们可以获得的治疗效果比较差；居住环境不稳定、经济崩溃、社会危机使他们能坚持进行结核病治疗的可能性比较小。就结核杆菌这个案例所表明的那样，疾病不会存在于一个真空的社会中，也不会只存在于那些它们攻击的身体内，因而它们的传播和作用从来不只是一个生物性的过程。最终，社会性的因素，像贫穷、种族主义、性别歧视、放逐、结构性暴力等可能比病原体的性质或者被病菌感染的身体系统更为重要。从独立地关注疾病转向关注并发性流行，甚至转向关注社会环境中的疾病，人们对疾病的理解远比临床观察诊断引致的认识更为全面、综合。

患者体验：医学社会科学家日渐关注患者体验——一个病人表现他（或她）患病或不适的方式。从批判的立场描述，Luck 和 Scheper-Hughes（1996）批判了渗透在生物医学理论中的笛卡儿身心二元论的观点。他们发展了一个“心灵身体”（Mindful Body）的概念，对患者体验的认识做出了巨大的贡献。Luck 和 Scheper-Hughes 描述了三种有关健康的“身体”：个体身体、社会身体和身体策略。一个个体对身体的认识，无论是在健康幸福的状态还是在生病痛苦的状态，都可以通过被定义为地方文化体系的人类特殊意义来传递。这个身体还可以为社会中的个体充当一张有关自然、超自然、社会文化和空间关系观念的地图。此外，个体身体和社会身体传达了在具体社会或世界体系中的权利关系。

因此，患者体验可以被理解为一个社会产物。它在形成日常生活的政治—经济力量和由社会决定的各类意义的“行为场”中被构建和重构。虽然个体经验对这些力量的反应是消极被动的，但是他们也可以对经济剥削和政治压迫做出积极的反应。比如，在一本备受推崇和颇具争议的书——《没有哭泣的死亡：巴西日常生活中的暴力》（*Death without Weeping*：*The Violence of Everyday Life in Brazil*）中，Scheper-Hughes（1992）生动鲜活地报道了在 Bom Jesus 的人们的遭遇。Bom Jesus 是巴西东北部凄惨、贫瘠的棚户区贫民窟。她认为，在这个社区，为基本的生存需求而不断拼死挣扎和奋斗导致许多母亲对自己虚弱的孩子漠不关心。Scheper-Hughes 认为，从最终的意义来讲，Bom Jesus 的这些母亲、她们的孩子以及其他人的遭遇与该地区蔗糖种植业的崩溃有着错综复杂的联系。蔗糖种植业的崩溃使该地区众多人失去了基本收入。Bom Jesus 的大多数居民没有从跨国公司和巴西政府资助的农业工商业和工业化发展中受益。总之，他们的遭遇远非一个地域性现象。当然也就不是狭隘的个体遭遇，而更多地与资本主义世界经济体系的全球变化密切联系在一起，这正如它们在 Bom Jesus 的地方舞台上表演的一样。

医疗化：通过不断扩展病理学术语去涵盖新的情况和行为，医疗过程必须将增加的社会领域的行为融入生物医学治疗范围中。诊所、健康护理机构以及其他提供医疗的组织已经开始在缓解压力，控制过度肥胖，克服性无能、酗酒、毒瘾以及促进戒烟上提供帮助。不仅在美国，而且在那些以实现现代化自豪的国家中，其宁可把分娩歪曲为一个病理学事件，也不愿意把它视为对孕妇及其家属而言的一个确实的心理事件。比如，分娩医疗包括几个方面：①隐瞒妇产医疗不利的信息；②预测妇女在医院的临产情况；③进行可做可不做的人工引导分娩；④在分娩期间，把母亲与其家庭隔开；⑤把分娩中的妇女限定在床上；⑥职业性地依靠技术和药物方法来缓解疼痛；⑦进行常规性的电子胎儿检测；⑧利用化学药物刺激分娩；⑨医生不到不进行分娩；⑩要求母亲采用平卧的姿势而非蹲式；⑪对分娩进行常规性的局部或者整体麻醉；⑫实施常规的外阴切开术（Haire，1978：188 - 194）。开始于 19 世纪 70 年代的妇女健康运动，在健康领域表达自己的抵抗和主张，促使许多妇女和男性去对这些医疗活动表达自己的质疑，这有助于更多地依赖家庭分娩。这种家庭分娩在工业社会是由助产士或者接生婆来操作的。利益是促使医疗化的一个因素。这个利益从发现需要医治的新疾病中去获得。医疗化也增强了对部分医生和健康机构行为的社会控制。它在蒙蔽个人病痛的社会根源，在使其非政治化上也起着推波助澜的作用。医疗化把属于社会结构层次的问题——诸如，充满压力的工作要求、缺乏安全的工作环境、贫穷等——转化为个人层次的问题，并使之服从于医疗控制（Waitzkin，1983）。

医疗霸权：在当代生活医疗化的背后起作用的是更为广泛的医疗霸权

现象。通过这一过程，资本家们的设想、概念和价值观渗透到医学诊断和治疗中。一个反对墨索里尼的法西斯主义的意大利政治活动家安东尼奥·格拉姆斯（Antonio Gramsci）在马克思和恩格斯的观点基础上，把上述概念发展为一个精心构造的理论。马克思和恩格斯认为在任何年代，统治阶级的思想就是社会的统治思想。统治阶级通过国家机构的暴力工具（诸如政府、法院、军队、警察、监狱等）来进行直接统治。而霸权，正如Femia（1975）所观察的，是通过教育体系、宗教机构和大众媒体等文明社会的机构来运作的。霸权指的是一个阶级通过与暴力手段相反的结构性方法来控制社会的经验和文化生活。霸权是通过扩散和持续彻底强化关键社会机构来实现的。这些社会机构拥有某些价值观、信仰态度、社会规则和法律。医生和病人之间的互动关系也是霸权主义关系的一个方面。对这些相互作用的研究表明其普遍在更大的社会中强化了不平等的等级制度。其通常以下面的方式实现。①强调病人服从一个“社会强势者”或者专家的判断的需要。②指引病人关注致病的直接原因（如病原体、饮食、锻炼、吸烟等），而忽略结构性因素，医生们觉得他们对此结构性因素没有什么控制力量。比如，尽管一个病人可能正在经历由繁重的工作环境引起的工作压力，医生却可能开一服镇静药镇定病人，而不去质疑位于员工之上的雇主或主管的权力。在当今世界，全球化是医疗霸权的一个主要动力。正如Whiteford所强调的那样，占统治地位的西方国家影响着现代人们健康生活的方式，而这种影响力都反映西方世界关于理性、竞争和发展的价值观念。所谓健康的生活方式包括：健康护理、健康医疗以及那些由在财政上给予许多国家支持的主要国际信贷机构所推动的健康事业。在这种情况下，随着各地现代化进程的推进，当地与健康相关的传统机构毫无疑问将被西方的相关机构所取代。

医疗体系的多元化：尽管各种医疗体系的组织结构各有不同，但是最核心的组成部分是医生和病人的双向互动关系。正如蒙昧社会的巫师或现代社会的家庭医生或一个社会里的专业人士、草药医生、肿瘤学家要想做医生，他们起码应懂得各种相关知识。当代社会通常都不只有一个单独的医疗体系，而是多种医疗体系混合在一起，其中一部分是植根在本土社会发展起来的，另一部分是从其他社会引进的。混合的医疗体系几乎能适应所有的阶级社会需要，从而蓬勃发展。这样的医疗体制建立在阶级、社团、人种、种族、地区、宗教和性别的差异上，它在一定程度上反映了不平等社会关系的存在范围。更确切地说，在现代社会或者后现代社会中，国家的医疗体制呈现多个不同的医疗体系并存的局面，而并不是纯粹地混合在一起。在这种格局下，比起非传统医学，生物医学更为大众所认可。实际上，我们也可以这样来描述医疗体系的多元化：在某一个医疗体系中占有统治地位的医学在其他医疗体系中也会享有同样的优势。在社会公认的医疗体系当中，通过社会上有影响力人士的支持，一种疾病医治疗法可以在众多疗法中脱颖而出，为人们所接受：老百姓在生病时，已经非常习惯于求诊完全不同的医疗体系了。

五　批判医学人类学研究的影响

Morsy（1996）在一篇有关批判医学人类学文献的评论中阐明了医学人类学分为实在派和分析派。批判医学人类学家研究与健康相关的问题以及医疗条件，主要包括：病人的精神健康状况、滥用禁药、吸烟、艾滋病、无家可归的人、生育、民间疗法、婴儿护理、死亡率、糖尿病、医疗体系、免疫学、营养学、健康政策、健康护理种类、制药业、农村医疗服务设施、医患关系、政府在医疗过程中所扮演的角色、医疗霸权等。从上述内容中我们可以看到，批判医学人类学做了大量卓有成效的研究和解释工作，使学科具有广阔的发展前景。因此，批判医学人类学的观点不仅对医学人类学家的工作产生了重要影响，而且对政治经济因素在医疗过程中重要地位的关注，对众多医学人类学家进行建构多种解释框架的工作也有深刻影响。在医学人类学各种不同观点的交锋中，批判医学人类学对于理论的关注和强调使它渐渐成为极有价值的应用分支学科。

尽管批判医学人类学的发展历史并不长，然而，正如 Rylko-Bauer 和 Farmer（2002：493）所强调："在人类学的框架内，用批判的眼光看待医疗体制中存在的问题的解决是非常有意义的。现在，我们应该通过研究、写作和个人的实践对美国医疗行业的发展承担相应的社会责任。"同样地，对于致力于建立一个多元文化批判的完整体系，我们还任重而道远。但是，在政治经济发展全球化的今天，这些领域的进步对于我们更深刻地了解医疗和医疗护理毫无疑问具有巨大作用。

参考文献

[1] Baer, H. A. (1982), "On the Political Economy of Health," *Medical Anthropology Newsletter*, 14 (1): 1-2, 13-17.

[2] Baer, H. A. (1989), "The American Dominative Medical System as a Reflection of Social Relations in the Larger Society," *Social Science and Medicine*, 28: 1103-1112.

[3] Baer, H. A., ed. (1996), "Critical Biocultural Approaches in Medical Anthropology: A Dialogue," *Special Issue of Medical Anthropology Quarterly*, 10 (4).

[4] Baer, H. A., Singer, M., Johnsen, J., eds. (1986), "Towards a Critical Medical Anthropology," *Special Issue of Social Science and Medicine*, 23 (2).

[5] Baer, H. A., Singer, M., Susser, I. (2002), *Medical Anthropology and the World System: A Critical Approach* (Westport, CT: Bergin & Garvey).

[6] Crandon-Malamud, L. (1991), *From the Fat of Our Souls: Social Change, Political Process, and Medical Pluralism in Bolivia* (Berkeley: University of California Press).

[7] Farmer (1999), *Paul Infections and Inequalities: The Modern Plagues* (Berkeley, CA: University of California Press).

[8] Femia, J. (1975), "Hegemony and Consciousness in the Thought of Antonio Gramsci," *Political Studies*, 23: 29-48.

[9] Frankenberg (1980), "Ronald Medical Anthropology and Development: A Theoretical Perspective," *Social Science and Medicine*, 14B: 197-207.

[10] Frankenberg (1981), "Ronald Allopathic Medicine, Profession, and Capitalist Ideology in India," *Social Science and Medicine*, 15A: 115-125.

[11] Good, B. (1994), *Medicine, Rationality, and Experience* (Cambridge: Cambridge University Press).

[12] Hahn, R. (1995), *Sickness and Healing: An Anthropological Perspective* (Ann Arbor: University of Michigan Press).

[13] Haire, D. (1978), "The Cultural Warping of Childbirth," in John Ehrenreich, ed., *The Cultural Crisis of Modern Medicine* (New York: Monthly Review Press): 185-200.

[14] Ho, D. (1996), "Viral Counts Count in HIV Infection," *Science*, 272 (24): 1167-1170.

[15] Ingman, S. R., Thomas, A. E., eds. (1975), *Topias and Utopias in Health: Policy Studies* (Hague: Mouton).

[16] Luck, M., Scheper-Hughes, N. A. (1996), "Critical-Interpretive Approach in Medical Anthropology: Rituals and Routines of Discipline and Dissent," in Sargent, C. F., Johnson, T. M., eds., *Medical Anthropology: Contemporary Theory and Method* (Westport, CT: Praeger): 41 - 70.

[17] McElroy, A., Townsend, P. K. (1996), *Medical Anthropology in Ecological Perspective* (Boulder, CO: Westview Press).

[18] McNeill, W. H. (1976), *Plagues and Peoples* (New York: Anchor Books).

[19] Mering, O. von (1970), "Medicine and Psychiatry," in O. von Mering, L. Kasdan, eds., *Anthropology and the Behavioral and Health Sciences* (Pittsburgh: University of Pittsburgh Press): 272 - 307.

[20] Millstein, B. (2001), *Introduction to the Syndemics Prevention Network* (Atlanta: Centers for Disease Control and Prevention).

[21] Morsy, S. (1979), "The Missing Link in Medical Anthropology: The Political Economy of Health," *Reviews in Anthropology*, 6: 349 - 363.

[22] Morsy, S. (1996), "Political Economy in Medical Anthropology," in Sargent, C. F., Johnson, T. M., eds., *Medical Anthropology: Contemporary Theory and Method* (New York: Praeger): 21 - 40.

[23] Morsy, S. Gender (1993), *Sickness, and Healing in Rural Egypt: Ethnography in Historical Context* (Boulder: Westview Press).

[24] Navarro, VU. S. (1986), "Marxists Scholarship in the Analysis of Health and Medicine," *International Journal of Health Services*, 15: 525 - 545.

[25] Navarro, V. (1976), *Medicine under Capitalism* (New York: Prodist).

[26] "Primary Health Care," (1978), Geneva: World Health Organization.

[27] Rylko-Bauer, B., P. Farmer (2002), "Managed Care or Managed Inequality: A Call for Critiques of Market-based Medicine," *Medical Anthropology Quarterly*, 16 (4): 476 - 502.

[28] Scheper-Hughes, N. (1990), "Three Propositions for a Critically Applied Medical Anthropology," *Social Science and Medicine*, 30: 189 - 197.

[29] Scheper-Hughes, N. (1992), *Death without Weeping: The Violence of Everyday Life in Brazil* (Berkeley: University of California Press).

[30] Scheper-Hughes, N., Luck, M. (1987), "The Mindful Body: A Prolegomenon to Future Work in Medical Anthropology," *Medical Anthropology Quarterly*, 1: 6 - 41.

[31] Singer, M. (1986), "The Emergence of a Critical Medical Anthropology," *Medical Anthropology Quarterly*, 17 (5): 128 - 129.

[32] Singer, M. (1989), "The Coming of Age of Critical Medical Anthropology," *Social Science and Medicine*, 28 (11): 1193 – 1203.

[33] Singer, M. (1994), "AIDS and the Health Crisis of the Urban Poor: The Perspective of Critical Medical Anthropology," *Social Science and Medicine*, 39: 931 – 948.

[34] Singer, M. (1996), "Farewell to Adaptationism: Unnatural Selection and the Politics of Biology," *Medical Anthropology Quarterly*, 10 (4): 496 – 575.

[35] Singer, M., Baer, H. A. (1995), *Critical Medical Anthropology*: *Amityville* (NY: Baywood Press).

[36] Singer, M., Baer, H. A., Lazarus, E., eds. (1990), "Critical Medical Anthropology: Theory and Research," *Special Issue of Social Science and Medicine*, 30 (2).

[37] Singer, M., S. Clair (2003), "Syndemics and Public Health: Reconceptualizing Disease in Bio-social Context," *Medical Anthropology Quarterly*, 17 (4): 423 – 441.

[38] Trostle, J. (1986), "Early Work in Anthropology and Epidemiology: From Social Medicine to the Germ Theory, 1840 to 1920," in C. R. Janes, R. Stall, S. M. Gifford, eds., *Anthropology and Epidemiology*: *Interdiscplinary Approaches to the Study of Health and Disease* (Dordrecht, Netherlands: D. Reidel).

[39] Waitzkin, H. (1983), *The Second Sickness*: *Contradictions of Capitalist Health Care* (New York: Free Press).

[40] Whiteford, L., Manderson, L. (2000), *Global Health Policy*, *Local Realities*: *The Fallacy of the Level Playing Field* (Boulder: Lynne Rienner Publishers).

[41] Wolf, E. (1982), *Europe and the People without History* (Berkeley: University of California Press).

[42] Woolhandler, S., Himmelstein, D. (1989), "Ideology in Medical Science: Class in the Clinic," *Social Science and Medicine*, 28: 1205 – 1209.

寻找智慧与意义：解决全球精神健康问题之核心*

〔美〕阿瑟·凯博文/著　涂炯/译**

【摘要】 在危机和遗失的时候，寻找智慧与意义是在世界上很多人生活中非常重要的。正如詹姆斯所说，寻求并试图在真切的危险和巨大的不确定性中掌握生活的方式，让人意识到什么是生命中最重要的，即不仅忍受也创造和维持有目的有意义的生活，在经历失败、失望、背叛和遗失的考验后，仍旧被耐力、爱和常常没有完成但不是无法完成的带着实际意义和超越意义的旅程所支撑。人类学和哲学不仅需要彼此培养对人类经验的优先考虑，也需要改变彼此之间的关系。它们需要重新振兴大学里和更广泛的公共生活中对智慧的追寻，这表明应通过存在于人类境况核心的道德的、审美的、宗教的、治愈的和主观的经验来进行。

【关键词】 寻找智慧；寻找意义；宗教和道德；生活的艺术

一　寻找智慧

在1997年，我在哈佛大学第一次做威廉·詹姆斯纪念讲座（William

* 本文原载于《广西民族大学学报》（哲学社会科学版）2007年第1期，收入本书时有修改。本文译自 Kleinman, A.（2014），"The Search for Wisdom: Why William James Still Matters," in Das, V., Jackson, M. D., Kleinman, A., Singh, B., eds., *The Ground between: Anthropologists Engage Philosophy*（Duke University Press），Chapter 5, 119－137。现标题是在《广西民族大学学报》（哲学社会科学版）发表时修改的。

** 阿瑟·凯博文（Arthur Kleinman），哈佛大学人类学教授，美国科学院和文理科学学院院士。涂炯，四川遂宁人，中山大学社会学与人类学学院讲师，主要研究方向：医学社会学。

James Lecture），几个月之后我在母校——斯坦福大学做了丹纳讲座（The Tanner Lecture）。两次讲座都给了我很好的机会把我的视角延伸到医学和人类学之外。在威廉·詹姆斯（William James）这位19世纪的思想家、哈佛大学教授去世一百年以后，威廉·詹姆斯纪念讲座是延续他智慧遗产的许多方式之一。当我荣幸地做这两次讲座时，我试图阐述一套关于经验/经历（Experience）的理论，这套理论可以被社会理论家和哲学家阅读和使用，被任何受过教育的对观念及其道德意义感兴趣的人阅读和使用（Kleinman，1999，2006）。这套理论为我过去几十年在医学人类学、全球精神健康、中国研究以及医学人文方面的工作打下了基础和做了铺垫。

实际上在20世纪90年代早期，我就向当时哈佛大学的哲学主席（一位有名的道德哲学家、负责本科生核心课程的委员）提出我愿意开一门从人类学角度探讨道德理论和经验的课程来替代我教授的另一门受欢迎的医学人类学课程，但是他告诉我，他觉得道德理论无法从这样一个视角来教授。

通过这样的经历，我开始意识到，哲学家甚至很多社会理论家不认为人类学或精神病学可以成为一个理解人类经验之道德特征的方式。我也认识到，当学术探索开始涉及寻找智慧来研究人们在危险、不确定和错位时的生活艺术时，哲学和人类学常常表现出缺乏兴趣。这样的寻找被认为在大学当时的学术和培训项目中是无关的或不具合法性的。在1875年，当威廉·詹姆斯为在美国教授第一门心理学课程而争取许可时，他也遇到了类似的制度阻力（Richardson，2006）。真是“越变越是老样子”（Plusa change，plus c'est la même chose）！

道德理论中占据我过去几十年个人生活和职业的一个重要题目就是，在危机和遗失的时候，寻找智慧与意义是在世界上很多人生活中非常重要的。这个寻找以不同的形式和重要性呈现，不管它是在一个正统的宗教集体框架内构成的意义寻找，还是在更加世俗的文学和哲学的知识和道德世界中以高度主观的道德意义寻找。无论何种方式，它都是生活中最实际的、让人煞费苦心的生活艺术的一部分，是每个地方人们认识到的人类境况的存在核心。然而，这样的追寻从哪里切入学术生活？有人可能会说，学术是给调查者（Investigators）的，而不是给求索者（Seekers）的。但是我感觉，很多人文学者和诠释社会科学家会认为这样的寻找应该是而且常常是学术话语的一部分，很多临床医生和宗教人士也会认同这样的观点。詹姆斯显然认为寻找知识来协助生活艺术是思想生活中最核心的。当我们需要这些答案的时候，确实没有什么（比寻找智慧）更重要了。

在这里，我讨论我自己生活中的两个危机，这两个危机让我寻找智慧，这个智慧不仅涉及任何意义或关键，而且给人提供指导的阅读、写作和照顾实践。我的目的是追问，我们从这样智慧的寻找中总体上学到了什么，来启示我们理解意义、实践、脆弱性和希望在日常生活中具有的位置。基于田野调查，我写了关于在当今中国的意义寻找的文章，因此我的视角是超地方性的。我试图把研究扩展到欧美之外，以探索在其他环境和历史中的人类境况（Kleinman et al.，2011）。我倾向于使用“人类境况”（Human Condition）这个词而不是“人类本性”（Human Nature）一词，因为决定什么确切地构成人类本性在意识形态上非常有分歧且不清楚，而在无数可能的生活方式中，只有在相对有限的经验被记录的状态才能决定我们共享的人类境况，包括爱、遗失、知识的和道德的愿望以及失败——这些跟这篇文章有关。如果这些是跟人类经验相关的，那么其必然在学术圈的知识产生和传播中有一席之地。或许其更大的意义是去重申这样一种观点，即其对我们应该如何生活以做出实际贡献与最好的大学应该是什么样子密不可分。

我的思想生活始于一个犹太聚居区内，一个纽约20世纪四五十年代的中上阶层圈子里。到20世纪60年代，各种综合因素和力量让我的思想少走了很多弯路：大学的自由教育、医疗职业、与我信仰圈子外的伴侣（具有来自欧洲的新教背景）结婚、接触到中国文化并且其成为我研究的核心以及在文学、哲学和社会理论方面进行广泛的阅读。越战期间，我作为美国公共卫生服务官员和国民健康机构的研究员驻扎在中国台湾（1969～1970年）。在此期间，我努力寻找方向，常常在完成工作后的夜晚求索地阅读。我感觉漂泊不定，在一个异文化和语言环境中挣扎，被民权和反战运动感染，越来越对看起来引导我职业生涯的期待和假设感到不自在，与此同时，我还担忧年轻家庭的需求和责任。从那时起，我保存了一本日志，里面写满我从阅读中收集的真挚的短语和指示性的名言。我当时阅读的很多作品是由20世纪欧洲哲学家写的，包括柏格森（Bergson）、卡西尔（Cassirer）、狄尔泰（Dilthey）、梅洛－庞蒂（Merleau-Ponty）、胡塞尔

(Husserl) 以及奥特加・伊・加塞特 (Ortega Y. Gasset)。我摘录下来的哲学话语回应了双重渴望:一方面是一种欲望帮助我应对现实生活中遇到的不确定性问题,另一方面是一种需求从知识上来引导思想世界中的自己。我当时是个年轻人,因此有强烈的欲望保持对知识的严肃性,并且希望被他人认为如此。阅读和研究哲学思想从这个意义上来说与我当时的性情相契合。这也是我和我太太共有的爱好和关注点,它充盈在我们日常的家庭和职业对话中。我曾经质问过世界的意义以及我在世界中的位置。而除了20世纪那些伟大的思想家外,我还能请求谁来启发我?这些思想家在他们的时代重构了哲学范式,以适应他们面对的世界。

2011年,我的妻子、我多年的合作者、汉学家琼・凯博艺 (Joan Kleinman),在与我共享了差不多50年的生活和工作内容后,被病痛(神经退行性疾病)折磨多年去世了。她去世后,我伤心欲绝,被悲伤充盈,被我们共度时光的记忆倾覆。我想念她的存在和陪伴,其中包括我们之间相联系的精彩而耀眼的时刻,也包括从最开始她健康到后来她生病时我们每天熟悉的日常生活仪式,这些都构成了我生活中美好的部分,因此她离开之后我感到一种凄凉,不知道应该做什么,于是我找出了在中国台湾期间的那本日志,打开它尘封的封面,重新阅读当年我仔细摘录下来的话语,又一次从哲学中寻找安慰。

我知道,从某种层面上来说,我旧日志里的智慧无法净化我正经历的不堪重负的伤心和思念情绪,但是我希望找到些东西:一些顿悟、一些短语、一些帮助。当我坐下来重翻这些泛黄的页面时,我强烈又尴尬地感觉到,此刻的我和摘录这些话语时的我的相似性。这是第二次(尽管这一次是由更重要的原因引起的)我试图理解哲学可以提供什么样的合法性内容和知识权威,从而像现实的洞察一样帮助我们应对日常生活中的巨大挑战和悲剧。在我年轻的时候,我需要让我的直觉和我不成熟的观点(那些常常感觉不踏实的、过于宽泛的观点)通过引用、参考很多别人的研究来得到验证。我在寻找一个道德的,也是知识的基础。虽然没有找到,但我至少发现了知识基础的开端。而当我在中国台湾的时光接近尾声时,我已经准备好做一个关键的选择,这个选择会让我远离临床工作和实验室。在我还是本科生时,我就对人文学科产生兴趣,我决定继续这条道路,往人类学的田野工作和另一种不同的精神诊疗实践上发展。这个决定在当时仅是一个不确定的、让我焦虑的梦，我无法预知这个决定的后果，但我在医疗世界中已经感觉沮丧和压抑。我想寻找的不是知识信息，而是一条由智慧启迪的道路，这条道路将带着强有力的思想和令人信服的议程来激活我的职业生涯。当我在中国台湾的漫漫长夜中阅读时，我寻找着一种能让我的不安变得平静的手段，但当时对意义寻找的不安欲望困扰着我，而这种感觉在琼去世后突然再次出现，且比之前更强烈地让我困惑。

如果我人生中这两段极度不安的时光看起来混乱，那是因为我经历它们的时候就是混乱的。在这两个时期我都在追寻安心，寻找一种确认，即确认我知识生涯的根基和生活经历的主体性是合法的、稳定的以及真实的。我对一种假定感到不自在，即我被期待生活成一个医生的样子。我想去重新诠释疾病，想从身边看到的痛苦来理解疾病，却感觉通过临床实践我只有有限的方法来验证或理解。我想重新思考作为文化一部分的医学，即便我知道医学界的很多学者认为，我努力去发展一个新的关于医学和健康的社会理论最多是自以为是，更何况根本不可能。

琼去世后，我的那种成长岁月中焦躁不安的感觉又出现了，让我陷入沸腾的情感泥沼中。我又一次被生活中缺少明确的标识所困扰，也被某些更大更个人的事情占据着心思——作为我生活奇迹的婚姻在生活中缺席。我同琼的关系形塑了我的成年生活，以至于没有它，生存看起来几乎无法想象。我们互相包容的爱和欣赏，推动并支撑着我们走过那些建立家庭和拼搏事业时有压力的不确定的年月。我对那些年月的记忆，裹着一层金色的迷雾，这层迷雾被我们共享的快乐陪伴和强烈爱意所渲染，因我们稳定的生活、我们日常合作下整洁温馨的家园而增色。伴随着琼的神经退行性疾病以及病变先后带来的失明、失忆、瘫痪和死亡，在这些艰难的日子里，我们共享的珍贵记忆激励并提高了我不断照料以及琼对照料的接受程度。爱让我们能够接受疾病的考验，但在琼去世后无法给我任何指引。

因此我回到那本日志，从那里读到亨利·柏格森的话："忍耐意味着改变、成长、成为。"在这句话下面是奥特加·伊·加塞特的话："最基本的事实是我的生活。"在日志的下一页是我摘录的维特根斯坦的话："一个哲学问题有如下形式：我不知道我将如何处理（I Do Not Know My Way about）。"之后是伯特兰·罗素（Bertrand Russell）的句子："教人们如何在没有确定性中生活，同时也不被犹豫所困扰，或许是哲学在当今时代仍然可以为那些学习它的人所做的主要事情。”（但是这如何才能达成?）接下来是奥克肖特（Michael Oakeshott）的话，但我再一次感觉没有太大帮助：“任何真实的都有一个意义”（我知道这个，但若接受它，我存在的位置在哪里?）我继续阅读接下来几十页的摘录内容。

我一直对存在哲学和现象学哲学有认同感。这些作品吸引我当然有个人的原因，但我被它们吸引还因为这些作家把很多理论家的洞见都连接了起来，比如皮特·伯格（Peter Berger）、乔治·康吉莱姆（Georges Canguilhem）、皮埃尔·布尔迪厄（Pierre Bourdieu）和马克斯·韦伯（Max Weber），这些思想家的观点启示了我发展自己关于污名、社会苦难、疾病体验和医学道德方面的理论。创造像这本我收集和整理的由哲学片段所组成的日志这样的资料，是这一过程的一部分，这个过程让我生出一种持久的感觉，即社会理论是重要的，这个感觉也影响了我后来的所有作品。理论很重要不仅因为它提供的洞见，还因为它具有启发经验研究的实际意义。它有利于重新引导经验研究，让其连贯一致，将其转化为可以以新的形式修正和重新塑造世界的实践行动，并与传统思维模式的运作相反。这个关于理论重要的观点在我自己的智力轨迹中慢慢形成。1973 年，我职业刚刚开始时，我发表了四篇决定了我理论兴趣的文章。这些文章是我后来主要经验研究的基础。相应地，这些理论框架又基于后来的研究被重新加工。在一个更加紧凑的时间段，微依那·达斯（Veena Das）、玛格丽特·洛克（Margaret Lock）和我一起主持了一个 SSRC 项目，发展出关于社会苦难的理论，这给后来年轻学者的经验研究提供了基础，而这些经验研究重新塑造了我们的理论，这可以从这个三卷系列丛书中看到：Kleinman et al.，*Social Suffering*（1997），Das et al.，*Violence and Subjectivity*（2000），Das et al.，*Remaking a World*（2001）。

然而，即使这些理论给我提供了职业指导，哲学也无法给我提供在危机时所寻找的智慧，1969 年在中国台湾时没有，2011 年在我太太去世时也没有。它也没有提供安慰，无法帮我理解职业中的危急时刻、处理爱和家庭经历的起起伏伏或者解释失去琼给我生存的沉重打击。所有这些作家写的那些智慧语言，都无法帮我应对这些时候我感觉到的打击和失落。在我往人类学道路上思考时，哲学给了我鼓舞，但在面临人生危机时，它显得老生常谈，没有用处。其他任何资料或题材也不能提供给我解开危机的钥匙，宗教文本不行，诗歌不行，艺术也不行。

我现在可以看到，这种求索总是注定会失败。我不能成功，因为我寻找的目标就是错误的。我试图把疾病理解为象征符号、把生命理解为感知、把医学理解为文化，但这些问题的答案在一个危急时刻对个人来说不是真正重要的。哲学家和其他道德思想家过去帮助我理解，所有经验无论在哪里都是一个道德境况，这个道德境况由什么对个人来说是最重要的所决定，尤其是对一个生活在不确定和受威胁的限制情况下的个人来说。然而，这些有道德影响力的思想家——从杜维明到孟子，从萨特到蒙田，他们都不能在危机时帮助我。我所需要做的是去理解我自己的主观性——我的感受、自我、意志和承诺，不是道德哲学，而是合法的价值和情感冲动，这些价值和情感冲动可以让我的工作更加丰富多彩，也会让我对那些重要的人视而不见。我过去把经验当作一个哲学问题，这是一个相关但不足够的构想，实际上我真的追求的却是把经验理解为实践。

实践从来不仅仅是理论，它总是关于我们如何在众人中行动，我们如何对别人采取行动，以及在最好的情况下，我们为他人做些什么。这就是生活的艺术。对智慧的追寻这个真实主题，没有在我阅读哲学作品时出现，而是在我以一个医生、丈夫和老师的身份给予照料和给人指导中发现的。这是我在阅读知名思想家的作品的过程中没有成功找到的，现在我能理解我当时的阅读是一种浪漫化的阅读。我当时被吸引的原因，正如James（1902：280）所说，是“段落流动的神奇力量……非理性的门廊，这些门廊使事实的神秘、生命的野性和剧痛偷偷潜入我们的心里并使它激动不已”。

二　照料

这个探索，即对智慧的寻找，一直是个未完成的任务，但是，我从照料中发现，它不一定不能完成。如果危机，尤其是健康和遗失，是我们认识到世界上的失败、死亡和不稳定性的核心方法之一，那么照料就是一个对混乱的有形反应。它是爱的仪式、恢复力和修复服务来帮助我们重新理顺地方的道德世界，当这个世界看起来在薄弱之处分裂时，照料是我遇到的最接近提供关于“人意味着什么”的生存定义。当我年轻的时候，我在医学院学了一点关于照料的东西，在后来的临床实践中了解更多一点，但是我学到照料最多的是在琼重病期间，我成为她的照料者的亲身经历中，这来得突然又强烈。

琼患了阿尔茨海默病，伴随着大脑枕叶萎缩，这在她去世前大概十年就已经被诊断出来了。她的情况随着时间不断恶化，她变得功能性失明，记忆也严重受影响，并失去了独立性。她几乎完全依赖我，依赖家庭健康助理还有我们成年的孩子们。尽管除了大脑疾病外，她身体是健康的，但随着疾病破坏她的心智，她越来越丧失能力。病中，在她身体情况允许她住在家里的那几年，我会在早上叫醒她、带她去洗手间、把卫生纸递给她、帮她冲厕所、为她打开和关上洗手的水龙头。我会为她递上香皂和毛巾。我会帮她脱掉睡衣、帮她穿上内衣、为她摆好要穿的衣服：紧身裤、裙子、衬衫、毛衣……我帮她穿上鞋，为她系好鞋带。我进入一个与她日常生活习惯亲密的新世界。

之后，我会为她做早餐、午餐，然后晚餐。在餐桌上，我协助她进食，拿起餐刀，帮她切好鱼和肉，把杯子里的水或酒递给她。餐后，我清理桌子、洗碗碟。在她的能力慢慢溜走的这些年可能的每一刻，琼都下定决心做她力所能及的事情。她会站在旁边帮我擦干洗好的盘子和其他餐具。之后我会带她走过家具坐到她平常坐的位置，帮她打开门，给她引路，以免她害怕走失，以免家里每一堵墙和角落对她而言突然变得咄咄逼人而让她害怕。但随着时间推移，即使这样的生活对她来说都变得无法应付。当她变得极度不安时，她可能连我都不认识，这给她和我都增加不少痛苦。跟这幅画面一样让人不安的是回忆，这透露出她去世前几年的情况。从那时候开始，她病情的恶化速度和力量大大加快和增加；最后她变得完全无助，无法控制自己的膀胱、肠道、视力、手臂和大腿、语言或思想。到最后，她只剩下一个可以说出的词语，一个让我倍感道德责任的沉重词语：“阿瑟”（Arthur）。她会叫我的名字：“阿瑟”（Arthur）。

在这之前我们35年的婚姻中，琼不仅完全自立，而且非常有效率：她负责照顾我们的家并养育两个孩子，与此同时她获得了中文硕士学位，并且同我在研究和写作中合作。在她的帮助下，我得以过一个全职学者的生活。回想起来，似乎难以计算这么多年她的照料给我的巨大“礼物”——管理我存在的点滴、帮助我应对慢性疾病（哮喘、高血压、痛风）以及她

（对我给她照顾）回报的礼物——通过让我给予她这种照料来给我展示照料是什么。突然地、毫无预兆地，我成为主要的照料者。

照料很显然是一个负担，但在最后它给了我力量，甚至在某种程度上它让我变得在精神上高贵。我学着做饭，打扫，管理我们的收支，采购食物，寄送生日贺卡，买礼物，与水管工、电工、园艺工、汽车修理工等打交道。然而，挫败、气愤、悲伤、失望、绝望、疼痛随时可能出现。我没有希望地生活，并且忍受着这样的生活。时间久了，那些早些时候看起来没法承受的事情被承受了。过去我无法想象，我可以牵着伴侣的手给她带路几小时。过去我无法想象，我可以看着她管理生活的能力慢慢丢失，最终完全溜走。我无法想象我可以挺过这些。理解生活带来了什么、让我们做了什么、经历了什么，并且度过了，这种经历有时候在情感上和审美上令人振奋，有时候却让人难以忍受，这就是生活的艺术：一个道德的艺术。

从弗罗伦斯·南丁格尔 19 世纪写《护理札记》（Notes for Nurses）开始，医务人员就明确地定义照料，这个定义围绕保护和帮助遭受痛苦的人的实际行动，包括对身体的任务，如洗澡、喂饭、穿衣、行动、如厕等。此外，他们还认识到照料也包括情感行动，如安慰、支持、倾听、解释等。直到 20 世纪，人们才开始更广泛地认识到，照料还应包括道德行动，如承认、肯定和在场等。我从成为一个主要照料者中认识到，这些道德行动主要在家庭和朋友圈中进行，而越来越少由专业照料者来进行。确实，众所周知，医学与照料没有太大关系。护士、社工、职业理疗师、家庭成员才是照料人员。正如历史学家们所指，如大多数家庭的健康助理一样，她们都是女性，并且常常是移民和少数裔人。尽管我整个职业生涯都对照料感兴趣，但回过头来看，我在医学院、研究生训练、研究甚至临床实践中都没有学会成为一个照料者。通过在现实中完成照顾妻子的活动，我才学会成为一个照料者。换句话说，作为一个主要照料者，我最终学会了照料是什么。

我还了解到，主要照料者常常面对一个分裂的自我，这正如詹姆斯（James，1902：139）在写宗教实践中分裂的自我时所理解的。主体性的分裂可以由毕加索唯一一幅关于医学生的画即《医学生头像》展示出来：画里的人物一只眼睛睁开，似乎是承担照料者的责任，另一只眼睛闭着以免自我过度涉入并保护作为照料者的自我。这些都是我在作为主要照料者的过程中遇到和了解到的。我的角色包括一个道德的和一个实际的方面。从我的经验来看，照料作为道德经验的一面很少被注意到，这跟指导学生和其他涉及照料的日常生活形式的道德经验一面很少受到注意一样。女性主义哲学家特朗托（Joan Tronto）（1993）在她关于照顾的论著里面写到了道德生活的方面，但是很少有其他理论家给予它应得的重视。

三　威廉·詹姆斯和生活的艺术

在我寻找生活艺术过程中，威廉·詹姆斯，这个被阿尔弗雷德·诺尔司·怀特海（Alfred North Whitehead）称作的“唯一一个真正的美国作家”，可能是一个最有帮助的思想家。我同詹姆斯的联系是由多因素决定的。他和我都在转而研究道德问题之前学习医学。除了我在哈佛大学做过两次詹姆斯纪念讲座这件事外，我还在以威廉·詹姆斯命名的大楼里使用一间办公室超过 30 年，并且常常在大楼的第 13 层参加讨论会，詹姆斯的一幅画像挂在这层楼的墙上。我和我的同事史蒂夫·卡顿（Steve Caton）共同教授一门关于詹姆斯的讨论课，我还在很多场合教授詹姆斯的《宗教经验之种种》（*The Varieties of Religious Experience*）这本书，并且在我自己的书里引用他的话。而且我的日常生活中常常开车路过剑桥欧文街上詹姆斯过去修建和居住的房子。詹姆斯的散文是非凡的，充满了和谐的抑扬顿挫、生动的形象、令人难忘的隐喻，所有这些都被他充满活力但脆弱的人性所激活。他的作品激起一种对话式的飞驰而过的感觉和想法，一种诠释的自由以从日常生活的杂乱拼图中纳入恰当的东西。它给读者呈上的是一个宽广的且有建议性的意义创造之网。在我经历这些人生危机之前和之中，阅读詹姆斯的作品都给我带来一种更重要的意义和快乐之感。它不仅帮我厘清思想，还给我带来一种心智的对话，一种维系我工作的会话，一种灵感和隐喻的漫长而有韵律的交流，这种交流让我随时间和体验变得如听音乐一般。他既严肃又实际地理解生存斗争。他在《信仰的意志》（*The Will to Believe*）中写道：“如果生命不是真的战斗，不是通过成功为宇宙从外界获取某些东西的战斗，那么它至多是一个私人的戏剧游戏，在这个游戏中一个人可以随意地退出。然而它像一次真的战斗，仿佛宇宙中有某些真的很野性的东西，需要让我们用我们的身份和忠诚来赎回。”

詹姆斯对我来说是一种不同的对话者，他的话语从内部照亮了我的生命；不是明确的引导，而是让我感到不那么孤单。可能这个有效的“点金石”还可以是一个诗人：莎士比亚、蒙田、奥登或其他人。但对我来说，它是詹姆斯；像《心理学原理》（*The Principles of Psychology*）和《宗教经验之种种》这样伟大的书，读起来如同对我诉说并对我具有意义。詹姆斯的话语给我一种奇怪的推力，似乎它们是对我已知事物的一种不可思议的离奇回声。这里无法列出具体答案或具体句子，只是我在很多阅读中的感觉，这种感觉对我来说很重要并且帮助我在我的道路上前行。尽管詹姆斯很少提到实践，更没有提到照料，但是他知道生活本身就是一个值得研究的斗争过程。在他经典的教学文本 *Talks to Teachers on Psychology and to Students on Some of Life's Ideals*（1899：154）中，他写道：“生命坚实的意义总是同样的永恒不变的东西——婚姻，即某种非习惯性的理想，尽管特别，却都带着一些忠诚、勇气和耐力，一些男人或女人的痛苦。”

或许这话听起来老套，但是像忠诚、勇气、耐力和痛苦这些词不常被当今社会理论家使用，尽管它们可以激起重要的想象——关于道德主体性如何对生活和思想至关重要的想象。这些词是被韦伯和其他早期社会理论家常用的，因为他们知道社会思想意味着回应真实生活。韦伯和詹姆斯如果还活着就会理解我（与微依那·达斯、玛格丽特·洛克）写的社会苦难（Social Suffering）是什么意思，它是我们理解的制度对个体生命产生影响的方式，但是常常被道德理论家忽视。对詹姆斯来说，哲学是生活的，它不是一种抽象：它是一种爱的劳动。他没有提供明确的答案，但是他通过学术和个人的追求，明确而严肃地寻求答案，并且总是认为他的答案对他人也会有所裨益。最近当我为写作后来发表在《柳叶刀》上的一篇文章而回顾琼去世的经历时，詹姆斯出现在了我的脑海里。

我看到我妻子的死亡情况：娇好的皮肤在她高高的颧骨上紧绷着，她“失明”的眼睛，她最后的呼吸，以及那种我再也无处停靠也跟着漂泊而去的感觉。我在我手上狠狠一击，这也是对我存在的狠狠一击。当我面临人类境况的一个核心问题把我同生命的收获连接起来，也把我同人类存在的不确定性联系起来时，我所需要的智慧来自对詹姆斯的回应准备。这促成了一种承认和恢复的感觉。而这或许就是它为何总是非常有效的原因。

智慧需要通过经历它来显示效果，它不是以一种观念而有效，而是以一种生活情感和一种在无法避免的失望和失败中让我们的人性得到救赎的道德实践而有效。或许我们在深陷麻烦和痛苦的时候，我们对画作、音乐和人文作品的反应让我们有了作为医生和家庭中病人所感觉到的道德体验（我在此把医生、病人、患者家庭三个角色都经历了），与此同时，同生活不可能取胜的战斗持续着，对智慧的寻找仍旧通常无法实现，但是随着时间推移，这不是不能实现的（Kleinman，2011：1622）。

詹姆斯影响我扮演一个人类学家的角色，扮演一个精神科医生的角色，扮演一个普通的人角色。

四　宗教和道德体验

多年前，我和萨拉·科克利（Sarah Coakley）——哈佛大学神学院的一位杰出的前教员——一起教授一门课程——“宗教与医学”。其中一半学生来自哈佛大学神学院，另一半来自哈佛大学医学院。课上，我们阅读詹姆斯的《宗教经验之种种》。这本书基于他于1901～1902年在爱丁堡大学做的Gifford系列讲座的内容写成，是关于宗教的开创性文本。但是我也把它当作一部早期关于体验的现象学民族志。詹姆斯在书的前言中说，他认为“比起掌握看起来无论多么深奥的抽象方程式，对具体事务的更多了解常常让我们更加明智”，并且在后文围绕作家、圣人、记事者和神职人员写作的经验段落以及各种普通人的宗教经验报告来建构文本。詹姆斯认为宗教建立之基——宗教的核心——不在于建筑、等级制度、组织或者规范宗教秩序的文本，而在于无论伟大还是卑微的个人所经历的转换、危机以及解散等变革时刻。詹姆斯对作为一种生活艺术和体验的宗教感兴趣。生活在当代医学和精神病学发展出许多有效治疗方法之前的时期，詹姆斯目睹了很多亲密的朋友和家人在疾病（如肺结核、癌症、酗酒、抑郁）的摧残中痛苦，有时甚至死亡。他被周围人在痛苦中经历的精神上和知识上的深度所感染、吸引和启发，并希望更好地理解它，把它当作探究的目标（Richardson，2006）。对他来说，在生命的摧残中幸存是一个经验的治愈能力问题，在这些经验中，宗教是其中的一种，医学是另一种。

关键地，《宗教经验之种种》这本书关注帮我们理解这个世界的经验。

尽管他讨论的大多数经验是让人欣喜若狂的，但这些经验中也有日常的，每个人都会经历的那些。詹姆斯在他的文本中尤其关注最富戏剧性的例子——宗教狂热，但他解说性地、宽泛地使用它们。他把宗教统一体分解开，把“宗教”这个词当作一个类别来描述“人对生活的总体反应”，并相反地总结，“为什么不说任何对生活的总体反应都是宗教的呢?”宗教，正如他宽泛的解释，不多不少正是个人严肃且深思熟虑的对一个问题的回答，即“我们生活于其间的宇宙的特点是什么?”（James，1902：35），以及我们应该如何在其间行动?

对我们教授的这个班上的医学生而言，从一个人的角度来看，詹姆斯基于心理过程对宗教的理解是令人信服的，但是对这个班上的神学院学生来说，这个观点是完全不够的，詹姆斯摒弃神学、宗教机构和宗教人士的作品使他的视角变得深受质疑。詹姆斯的普遍主义取向也遭到了神学院学生的批判，因为，正如塔拉勒·阿萨德（Talal Asad）于1993年指出的那样，这些学生认为致力于特定的教派是让大多数宗教成为宗教的根源。我不是在这里为詹姆斯辩护，他不需要辩护者。他去世一百年后这本书还被广泛阅读和教授这一个事实就能让事情明了。我把这个冲突在这里呈现出来，是为了彰显詹姆斯试图把宗教和对智慧的寻找连接起来的愿望。

从人类学的角度来看，詹姆斯对宗教主体性的理解显然需要被更新以超越信仰、奉献、习性的内在性，并囊括仪式、参与和具身化的人际实践。詹姆斯倾向于把后面这些看作个体行动，而不是集体的道德实践（这些活动肯定是集体实践）。在这里我不是说，他描述的经验（他自己承认是他能找到的最具有说明性的经验）是道德可以被经历的唯一方式。比如，我从自己的经验中发现一个观点回应了詹姆斯的看法，而这个经验不是通过单一的突发事件获得的，而是从生存、实践和共情中慢慢发展出来的。我在这里指出这点是为了说明他参与解决个人如何理解痛苦这个问题的严肃性。他的综合的、跨学科的实用主义并没有因此让他远离一个观点，即对体验的研究可以帮助我们过自己的生活。当然，从James（1977）的激进经验主义来看，所有知识都可以被当作从广泛理解的体验中获得。

五　智慧和民族志

在我们2011年共同完成的书——《深度中国》(*Deep China*)中，我的学生们和我一起探讨了当今中国和中国人对意义的各种寻找。显然，最迫切的寻找是被一些中国人称为“精神意义”(Spiritual Meaning)的寻找。令人称奇的是，在世界上任何一个国家都经历最快速的经济发展时期，中国从普通民众中涌现了几次全国性大讨论：关于在一个由过度的物质主义的、消费主义的和超级个人主义利益主导的世界中生命意义的讨论。这些讨论反而承认人类的生存境况是基于社会的痛苦，这跟我的认识一致。这些痛苦是对灾难的反应，这些灾难颠覆了人生的计划和亲密关系，是对结构性暴力的反应，结构性暴力尤其伤害那些拥有最少资源和被各国社会保护最少的群体，是对日常生活中影响我们每个人的严重问题的反应，这些问题由慢性疾病、年老以及让各地生活不确定和不安全的多重脆弱性因素等引起。

在面对普遍的人类境况时，人们常常诉诸宗教（及其他我前面提到的智慧来源）。神义论在这里赫然呈现，尤其是那种理智导向的，但是也包括非常实际地追求对紧急情况和境况的更大控制。民族志和社会历史表示，对智慧的寻找，首先是一个通过生活艺术正常化、应对和维持恢复力的努力——这个真理詹姆斯不仅在《宗教经验之种种》这本书里指出，也在他的《心理学原理》和其他大多数作品中提到。这也是对人类悲剧的一个道德回应：最终所有行动都会失败。恢复力只能带领人们走这么远。道德体验主要来源于为了生存、为了与失望和失败共存而采取的任何行动。

詹姆斯把宗教，如同哲学，当作一种引导我们度过生命的资源。它是男人和女人努力与我们共同的命运做斗争的工具，尽管这个斗争是不平等的也无法取胜。宗教对詹姆斯来说也意味着让我们增强力量从而不惧怕生活。宗教这样被使用可能同宗教学者解读文本和仪式不一样。但是如果没有人们使用宗教这一大众化的一面，宗教的传统和评论就会丢失其鼓舞个人和群体的能力，丢失其驱动修复、恢复、愈合和救赎这一过程的能力，因此，这个题目需要在跨学科学术讨论中被更加严肃对待，这个讨论把宗教研究、人类学、人文学科以及助人行业连接起来。民族志的贡献在这里显得很突出，尽管我们时代的人类学已经丢失了詹姆斯和很多其他维多利亚时代学者所怀有的跨文化比较的信心。确实，正是对宗教的生活现实的研究，可以连接人类学与我们社会及全世界对意义的宗教寻找这一更广泛的兴趣。

詹姆斯还做了更多事情，可能是因为他自己经历了一种我感同身受的不安和脆弱。他哲学般地研究这个题目，但也认为如果我们可以厘清所有这些经历，一种比较的智慧、一个人生的指引、一种生活的艺术可能会出现，因此，智慧对个人也是至关重要的，不仅与专业和理论相关。

在我自己的想法中，这是宗教、医学、教学和照料会聚到一起的地方，因为在生活艺术中，对智慧的寻找对照料十分重要，对指导学生也一样重要，对道德、临床、学术和宗教生活中的服务行动也非常重要。詹姆斯了解这些，这正如当今很多道德学家和宗教实践者。当代学术界的学者们，包括人类学家和哲学家，需要去重新发现这个寻找存在于“人意味着什么”这个问题的核心——这或许是道德和宗教体验中最普遍的关键特性，持续地激活现代人最深处的感受、我们的常识、我们社会网络和社区生活方式的一种特质。反对宇宙的残酷和冷漠，带着人类学的眼光，我们看到男人和女人把生活人性化：首先创造或发现神灵，然后把这个创造或发现物质化为世界中的一种力量，最后通过寻找智慧来实际地协助度过一生，最终找到智慧来应对悲剧和失败。正如詹姆斯了解的那样，寻求并试图在真切的危险和巨大的不确定性中掌握生活的方式，让人意识到什么是生命中最重要的，即不仅忍受也创造和维持有目的有意义的生活，在经历过失败、失望、背叛和遗失的考验后，仍旧被耐力、爱和常常没有完成但不是无法完成的带着实际意义和超越意义的旅程所支撑。

六　人类学和哲学

除了詹姆斯写作和教授哲学这个事实外，所有这些同人类学、同人类学与哲学的关系有什么联系？

詹姆斯认为大学是智慧常存的地方。但是在21世纪，这个事实不复存在。克劳德·香农（Claude Shannon）的奠基作预言信息技术带来的革命已经重构了我们的时代，他强调对科学家、工程师、政策专家来说，重要的是生产、收集和管理信息（Gertner，2012）。为实现这个目的，信息固有的意义是无关的和让人分心的。只有剥去意义的信息才可以被使用。随着时间发展，这种对IT革命的极度重视变得泛滥，伴随着大学变得更加重视应用科学，IT技术在职业中的应用，技术对自然和社会科学的改造，技术代替人文学科成为现代研究型大学的核心。在这个过程中，哲学和人类学都从它们过去大学知识生产和传播的象征性核心地位落入脆弱的边缘地位。我认为有两个领域，在采取可以理解的但是仍具有破坏性的补偿措施后，都掉入了这个悲哀的场景。这些措施包括采用过于技术性的、围绕术语的、模糊的写作方式，从而对一般读者来说阅读困难，对日常生活中那些非常实际的寻常的关切点不屑一顾。这种深奥的、不必要的、不负责任又侵入性的，仅仅看起来聪明的发展让批判者不知所措，从而最终导致一种公众共识，即这些领域与当下社会不太相关，除了可以被当作一座过去伟大人物的博物馆外。这些伟人的经典地位值得被保留，这如同保留早年那些爬满常春藤的回廊、古色古香的墙面和古雅的纪念品一般。

这些学科不再关注生活经验，这助长了这个漫长的衰落过程。这或许是哲学和人类学最相同的一方面。两个学科的重要性在学术领域内和领域外受过教育的公众中都有所下降。当然，在这里重申寻找生活智慧和道德条件的重要性可能无法复活这些学科在大学的位置，但它至少能够对当下这些学科和大学的发展方向提出一个挑战。最少它还能提醒我们为什么理论和理论化仍很重要。詹姆斯在他的时代也担心这方面的问题，他在1903年 *Harvard Monthly* 上发表的一篇被形象地命名为《章鱼博士》（The Ph. D. Octopus）的文中抱怨，大学组织的职业化和科层化，通过坚持让有博士学位的人占据教职，其实是错误地把论文当作智慧，把学位拥有者当作老师，并最终阻碍学术探究的真正工作。

理论可以重构我们看待这个世界和我们自己的方式。理论可以探索宏大的、原创的、令人不安的问题。它可以引导经验研究的方向；它可以反思如何理解经验发现。它可以强调严肃而重要的目标。它可以带着创造对生活有用有利的原始构想和实践这一目标，实现生活和思想的不同领域的协调。比如，在照料领域，理论可以反思照料是为了什么，如何最好地配置和实施照顾，如何让照料与广泛的社会和个人价值相一致。确实，上面提到的一些可以被看到已经发生在人类学和哲学中。

我认为最好的民族志仍旧在做这个，而且当下有一个明显的往情感和道德方面的转向，但主导这个领域的理论视角离人类经验这个严肃的问题越来越远。我没有那么天真地认为，呼吁复兴詹姆斯的研究取向就可以扭转学术界的历史转型。当下的转型根植于当前的政治经济和特定的全球文化。它能做的是说明为什么人类学和哲学对当今受教育的人和更广大的社会非常重要，因为这两个学科追问的是真的核心问题，因为它们能为关于人类经验的智慧做出贡献，我们每个人都能利用这个智慧来改进生活的艺术。这本身不仅是一件高尚的事情，而且是为人文学科和诠释社会科学所做的最好的辩护。这些领域被振兴不仅需要通过研究科技主观的、社会的和道德的后果，还需要在更大程度上把对生活经验的研究议程放入它们的话语中心。这相应地将维护很长一段时间来作为大学核心的自由艺术传统。

人类学和哲学，就我认为，不仅需要彼此培养对人类经验的优先考虑，也需要改变同彼此的关系。人类学需要把民族志的哲学化和理论化作为与哲学接触的源头，即那些关于在不安全、危险和不确定的情况下的生活艺术和道德经验的民族志。相应地，哲学不仅需要把生活的核心经验现实进一步纳入它对知识论、本体论和伦理原则的关注中心，还应该把它当作与民族志对话的积极来源。总之，要点是重新振兴大学里和更广大的公共生活中对智慧的寻找，这代表着以存在于人类境况核心的道德的、审美的、宗教的、治愈的和主观的经验来进行。

参考文献

[1] Gertner, Jon (2012), *The Idea Factory: Bell Labs and the Great Age of American Innovation* (New York: Penguin).

[2] James, William (1890), *The Principles of Psychology, Vols. 1 and 2, Advanced Course* (New York: H. Holt).

[3] James, William (1896), *The Will to Believe and Other Essays in Popular Philosophy* (New York: Longmans, Green).

[4] James, William (1899), *Talks to Teachers on Psychology and to Students on Some of Life's Ideals* (New York: H. Holt).

[5] James, William (1902), *The Varieties of Religious Experience: A Study in Human Nature*;

Being the Gifford Lectures on Natural Religion Delivered in Edinburgh in 1901 - 1902 (London: Longmans Green).

[6] James, William (1903), "The Ph. D. Octopus," *Harvard Monthly*, 1.

[7] James, William (1907), *Pragmatism: A New Name for Some Old Ways of Thinking* (Indianapolis: Hackett).

[8] James, William (1909), *A Pluralistic Universe* (Lincoln: University of Nebraska Press).

[9] James, William (1977), "The Writings of William James: A Comprehensive Edition," in John J. McDermott, ed., *Including an Annotated Bibliography* (Chicago: University of Chicago Press).

[10] James, William (1978), *Pragmatism and the Meaning of Truth* (Cambridge: Harvard University Press).

[11] Kleinman, Arthur (1999), *Experience and Its Moral Modes: Culture, Human Conditions, Disorder, The Tanner Lectures on Human Values 20* (Salt Lake City: University of Utah Press).

[12] Kleinman, Arthur (2006), *What Really Matters: Living a Moral Life amidst Uncertainty and Danger* (Oxford: Oxford University Press).

[13] Kleinman, Arthur (2011), "A Search for Wisdom," *Lancet*, 378 (9803).

[14] Kleinman, Arthur et al., eds. (2011), *Deep China: The Moral Life of the Person, What Anthropology and Psychiatry Tell Us about China Today* (Berkeley: University of California Press).

[15] Richardson, Robert D. (2006), *William James: In the Maelstrom of American Modernism, A Biography* (Boston: Houghton Mifflin).

[16] Tronto, Joan C. (1993), *Moral Boundaries: A Political Argument for an Ethic of Care* (New York: Routledge).

乡土医学的人类学分析：以水族医学为例*

程 瑜**

【摘要】本文概括了乡土医学的含义，继而以水族医学为案例，从医学人类学的角度分析了乡土医学在以现代医学为主流的时代中的角色定位，以及乡土医学应该如何在全球化的背景下扬长避短、合理发展。

【关键词】乡土医学；医学人类学；水族医学

一　何谓“乡土医学”

毫无疑问，乡土医学是相对现代西方生物医学而言的。要知道什么是乡土医学，人们必须首先知道西方现代医学的源流。西方现代医学起源于18世纪末的欧洲，是在特定的宇宙观下发展出来的，也就是基于笛卡尔身心二分理论（Cartesian Dualism）的生物医学。福柯指出了当代医学实践中出现的两种截然不同的趋势——“物种医学”（Medicine of the Species）和“社会空间医学”（Medicine of Social Spaces）。“在西医中，‘物种医学’的研究重点是疾病分类、疾病诊断、治疗病人和发现药物。‘社会空间医学’则是与疾病预防控制有关的医学，疾病不再被看成存在于现有知识可解释范围之外的实体，而是能够被研究、被科学地面对和被控制的对象。”（威廉·科克汉姆，2000）

---

* 本文原载于《广西民族大学学报》（哲学社会科学版）2006年第3期，收入本书时有修改。

** 程瑜，湖北红安人，人类学博士，中山大学社会学与人类学学院讲师，主要研究方向：应用医学人类学、经济人类学、医学社会学。

然而，正如人们经常说的：人只要吃五谷杂粮就会生病。人类跟疾病的战争在人类之始就存在，更不用说在现代医学起源之前，人类已经有了各种各样预防和治疗疾病的手段了。而且这里还涉及一个文化多样性的问题，不同民族、在不同地区生活的人们由于所处的地理环境的差别，文化背景的不同而对疾病和健康的认识各不相同。比如小孩轻微的感冒和发烧，在现代西方的医疗体系里被认为是一种疾病，其需要去看医生。在中国北方的部分地区，很多老人则认为小孩发点烧是好事，是"长个子"。玛格丽特·克拉克（Margaret Clark）在美国西南部开展了一个研究，发现美籍墨西哥人中腹泻和咳嗽很常见，他们认为这虽然不一定好，但是属于"正常"现象（威廉·科克汉姆，2000）。对于疾病的认识不同，对于治疗疾病的方式自然也不相同：杜博斯（Dubos，1969）认为在人类早期，人们主要依靠本能来维持健康；很多民族直到现在还认为疾病的发生和治疗都是鬼魂"做祟"，所以用"巫术"来驱赶恶鬼，或者祈求祖先、神明来保佑，以保持健康，对抗疾病；信仰疗法师则使用建议、祈祷和笃信上帝的力量来帮助治疗的人（威廉·科克汉姆，2000）。

凡此种种由于地域和文化差异造成的对于疾病认识和治疗手段各不一样，都迥异于西方现代医学，人们称之为民族医学（Ethnomedicine）或者民间医学（Folk Medicine）。其是指各民族中存在的有别于正统的科学医学的一切非正统的医学理论、治疗方法和保健习俗（陈华，1998）。笔者认为，鉴于这些医学的理论与治疗手段有广泛的地域差异和文化的多样性，并且随着现代化进程的加速，这些手段都存在于相对弱势的文化和区域当中，因此，不妨借鉴费孝通先生对于"乡土"的描述，他称之为"乡土医学"。如果一定要给它一个定义的话，则可以概括为：存在于多种文化和区域中，有别于西方现代医学的医学理论、治疗方法和保健习俗。

长期以来，对于乡土医学的认识存在诸多偏差，有两种倾向值得我们注意：一是认为其是落后的愚昧的不科学的东西，应该为现代医学所取代；二是觉得其是本地区本民族优良的和历史的财富，应该刻意去应用，甚至夸大它的功效。本文拟以中国水族的乡土医学为案例，从医学人类学的角度来探讨乡土医学在全球化过程中的角色定位。

二　医学人类学的研究取向

医学人类学是人类学一个新兴的分支学科，一般认为它开始于20世纪50年代，到80年代已发展成为人类学的一个重要分支。但是因为医学人类学研究领域非常广泛，也因为不同的社会文化观导致对于健康和疾病的理解各不相同，所以至今医学人类学尚无一个被普遍公认的定义。但是大致的观点应该是：医学人类学就是应用人类学的理论与方法，研究与人类健康和疾病有关的生物学和社会问题。

莫瑞·辛格（Merrill Singer）认为医学人类学在理论取向方面也有不同的分类方法：在《疾病和医疗：一个人类学的视角》（*Sickness and Healing: An Anthropological Perspective*）一书中，Hahn（1995）界定了医学人类学的三个主要理论体系，包括环境/进化理论、文化理论和政治/经济理论。在《医学·理性·经验：一个人类学的视角》（*Medicine, Rationality, and Experience*）一书中，Good（1994）确定了医学人类学中的四个理论来源：经验主义的范式、认知的范式、意义中心（Meaning-centered）的范式以及批判主义的范式。在《生态视角中的医学人类学》（*Medical Anthropology in Ecological Perspective*）一书中，McElroy 和 Townsend（1996）也讨论了四个分支，即医学生态理论、解释性理论、政治经济学或批判主义理论、政治生态理论。本文主要采纳 Janzen 等人的分类法，将医学人类学的研究取向分为：生物医学人类学、环境医学人类学、民族医学、应用医学人类学和批判医学人类学。以下将从这几个研究取向出发，从医学人类学角度，对水族医学进行重新解读。

三　水族医学的人类学分析

（一）生物医学人类学分析

生物医学人类学指运用遗传学、生理学和生物化学等生物学技术对人类群体的健康和疾病进行研究。

水族主要聚居在贵州省黔南布依族苗族自治州东南部三都水族自治

县和荔波、都匀、独山以及黔东南苗族侗族自治州的凯里市和黎平、榕江、从江等县。水族传统医学源于日常生活实践，主要属于经验医学的范畴，即使用的药材和方法多遵循在与疾病斗争的过程中日积月累下来的使用规则，并没有以系统的医学或者哲学理论作为基础。而汉文化传播到水族地区较晚，所以他们的医疗经验、独到的技术只能靠口传心授世代相传。

在生活习俗上，根据我们在调查中发现，几乎每个水族人家都在家备有酸汤，酸性食品有消热去暑的功能并生津、开胃、润肠，且能增进食欲，解除油腻，帮助消化。

在我们于2005年暑假在贵州三都水族自治县调查中，最令调查员感到害怕的是到各家各户去调查的时候，主人都极为好客，总是拿出他们自酿的“米酒”来招待我们，我们一般不醉不归。当地的米酒多用糯米酿制，配上各种中药材，或杨梅等。味道极为可口，口感很好，但是后劲很大，有时没有客人的时候，他们也在日常生活中饮用。由于水族人民居住在山区，是一个农业民族，交通不便，农业生产方式落后，人民劳动强度很大，过度劳累而致五劳七伤，因而饮酒成为人们的一个饮食习惯，他们认为适量饮酒能舒筋活血，消除疲劳。

在诊断方式上，水族医生有问诊、望诊、触诊和听诊，这类似中医的望闻问切。另外水医还有独特的弹诊，水医常将其用于四肢骨折的诊查，医者用手指弹叩患者相对应的手指或足趾，如骨折，会产生牵扯性疼痛不适，这是因为骨折除伤及肌肉外，还伤害了一些神经脉络。

在治疗方法上，内、外、妇、儿各科的治疗主要通过药物的内服和外用，以及手法等几种方法。水医常用草药。毒性药物则需加工后才能使用，且一般不内服。使用药物也无一定准确剂量，常视年龄、身体强弱等具体情况而定（王厚安，1997）。

（二）环境医学人类学分析

人类的疾病与治疗方法是受环境的影响和制约的，同时又反过来影响环境。水族多聚居在中低山区和丘陵地带、宽谷和山间盆地。区内森林茂盛，山高林密，气候比较湿润。

从生活习俗上讲，水族人民多居住在“干栏”式建筑里，人居楼上，既可以避免潮湿地气的侵蚀，又可以躲避毒蛇猛兽的攻击。

环境同样造成了很多地区常见病。水族多居住在潮湿多雨的山区和丘陵地带，所以关节炎和风湿病是水族人民较常见的疾病，笔者调查的三都水族自治县塘党寨近100人，年龄在40岁以上者，80%患有关节炎和风湿病。在水族医学中，风湿的治疗方法也最为丰富。

山区多毒蛇、蜈蚣，因此被这些动物咬伤也是常见病患，治疗方式也独特。被毒蛇咬伤，要看伤口的痕迹，如伤痕为横的，则诊为母蛇咬伤，主药用白色药物；若伤口为直行的，则诊为公蛇咬伤，主药选用红色。在治疗方法的分类上，明显比中医详细。

常年在山区生产生活，跌打损伤和骨折也是常见疾病，水族医药对骨折的治疗堪称一绝。荔波县水尧乡水族民间骨科医生姚福孔，在治疗骨科方面有独到的造诣。很多被认为必须截肢的（如一些很严重的粉碎性骨折）人，经他用水族的民间草药，采用水族的民间特殊疗法而不必截肢。省内外求医者络绎不绝。

水族常用草药治病，已经有记载的水族草药就有149种之多，一般不经炮制，用鲜药（王厚安，1997）。

（三）民族医学分析

所有文化都会涉及对疾病缘起的理解、诊断及处理方法。将这种文化解释模型进一步扩大来说，它还包含寻求治疗的行为、民俗医疗的实际效用，以及对不同医疗系统差异的研究（Kleinman，1980）。

水族医学还停留在经验医学范畴，大量应用了中医的诊断和治疗手段，同时也受到其他临近民族治疗方式的影响。比如“夹痧”的治疗方式，笔者在三都水族自治县塘党寨的调查发现，村里人一般的病采用夹痧的方式，就是哪里痛就用手去夹那里的肌肉，头疼夹头，胸痛就夹胸。这种类似的治疗方式在壮医中也存在。但是水族依然有它独特的关于疾病和治疗的理论和方法。

水族医学的最大特点是“巫医结合，神药两解”。水医在采药治病方面带有不少神秘色彩。水医用其遁掌测吉来预测病人来的时辰是凶是吉。如果病人来时是吉时，则马上上山采药；采药时根不断，则认为病人与医家配合默契，这对病人治疗有利。

有些治疗方法同样具有巫医结合的特点。比如化水疗法：清晨周围人家未起床时，到附近水井、池塘或河中取生水一碗（有的则不论时间，为普通生水），医者与患者面对面，医生口中念念有词，手则根据不同病情画符，然后用此水喷向患处。本法常用来治疗鱼刺卡喉、跌打损伤，止血止痛等。

水医还把朴实的用药经验以歌诀的形式相互传记，如："藤木通心定祛风，对枝对叶可除红，枝叶有刺能消肿，叶里藏浆拔毒功。辛香定痛驱寒湿，甘主生肌甜亦同，咸苦辛凉消炎热，酸涩收敛涤污脓。"（中山大学三都水族调查组，未刊稿）其内容丰富，通俗易懂。

（四）应用医学人类学分析

应用医学人类学强调直接把人类学的理论和方法用到具体的与人类健康相关的问题中。应用人类学理论和技术表现在公共卫生领域中，如考察项目受益者的文化多样性，制定满足不同群体要求的适宜的干预措施，在项目实施时获得社区成员的支持，确认具体的危险行为和可能引起这些行为的文化和价值观念。

常见病行为因素分析如下。

笔者带领学生于2005年7月在三都水族自治县塘党寨进行了深入的田野调查，通过对水族农民大量的观察和深入访谈，发现风湿病和胃病是这一地区农民的常见疾病。风湿病主要与潮湿的自然环境有关，而胃病则主要由水族农民的生活习性造成。首先是由塘党的食制所带来的问题。可以发现，吃饭不定时是这里的一大特点。人们虽然有一日要吃哪几餐的观念，却没有定时进餐的习惯。即使在农闲的时候，人们也是"饿了就吃"。什么时候有人肚子饿了才做饭吃，所以，虽然人们每天的进餐总次数是一定的，每一餐的时间却极不规律。到了农忙的时候，每天进餐的总次数都变得不规律了。忙起来的时候，人们可能不吃早餐就出去干活了。人们干完活回来饿了，由于还没到吃饭的时间，就匆匆吃些冷饭，便又出去干活。而且，一般认为刚吃完饭不适合从事剧烈活动，否则就会影响消化，但很多当地人似乎没有这一观念，农忙的时候，人们刚刚吃完来不及休息就又要出去干活。同时，塘党人吃晚饭的时间较晚，如果是天黑得比较早的冬天，干活回来得早，则晚上7~8点吃晚饭，其他季节干活比较晚，就晚上9~10点吃晚饭。他们就寝的时间多在11~12点。正如前面提到的那样，晚餐吃的食物本身就不属于易于消化的流质食品，并且人们还有晚饭饮酒的习惯，这无疑加重了胃的负担。往往胃里的食物还来不及消化，人就已经进入了梦乡。这显然不利于胃的健康。其次是一些特别的饮食偏好，例如由嗜酒，喜食辣椒、糯米饭、火锅带来的影响。按照医学的观点，饮酒特别是空腹饮酒对胃的损害很大。因为酒中的乙醇对胃黏膜有非常大的刺激作用，胃受到刺激后会出现较强的收缩、扩张等运动。辣椒味辛，含有辣椒素，可以刺激口腔内的辛味感受器，引起血压变化和出汗。大量进食辣椒会令胃壁组织受伤，容易造成肠胃敏感。糯米则一经煮熟就会黏合成团。糯米的主要成分虽然也是淀粉，但在糯米淀粉中葡萄糖分子缩合时，连接方式与其他粮食淀粉有所不同，因而糯米煮熟之后，黏性比较大，在人吃进胃内后，相对难于消化，从胃中排出的时间延长，滞留在胃内，从而刺激胃壁细胞及胃幽门部 G 细胞，促进胃酸分泌增加。长期食用不利于胃的保健。

水族乡土医学对公共卫生推广的负面影响如下。

笔者在三都水族自治县塘党寨的调查发现，91% 的调查者不知道农村医疗保险和相关的政策问题，88% 的人选择使用本地的“乡土疗法”来应对普通疾病，90% 的人近一年没有上过医院。而与此同时，一些“乡土疗法”实际上不但对疾病的控制于事无补，反而会耽误病人的正常治疗。比如对于“夹痧”疗法，村民韦先生说：

> 我前一段时间感觉到肚子痛和胸部疼痛，就让我老婆替我夹痧。结果夹得胸口都肿了，还是没有好。后来到乡里医院看了看，医生说是肺部有问题，而且很严重了，要到县医院才能治。估计得要上千元，我现在又没有钱去看了，还是准备到隔壁村去找个巫婆看看。

造成这个结果的原因有以下几点：一是对乡土疗法的迷信；二是基层农村医疗费用相对过高；三是农村的医疗保险形式有待改进。农村推行合作医疗计划中的一项就是大病支出，也就是对导致大病风险的医疗支出，提供优厚的保险覆盖。乡村疗法刚好也满足农民对小病采用应付的态度的做法，其一定要等小病养成大病然后再去看。这种恶性循环可能会导致农村医疗保险的逆向选择，即没病就不参加保险，参加保险的一定是有大病的。其他国家的经验表明逆向选择会迅速破坏并最终导致一个建立在完全自愿基础上的保险计划的解体（《中国农村卫生简报6：农村医疗保险——

迎接挑战》，2005）。

（五）批判医学人类学分析

用生物医学的观点来看，所谓健康就是没有病。世界卫生组织认为这样的生物医学模式上的健康定义是有缺陷的，所谓健康要具备三个基本的条件：身体健康、精神健康和社会健康。那么，是什么阻碍社会健康的达成呢？从批判的立场来看，在当今世界，这些障碍主要包括社会地位的不平等，阶级、性别、种族以及其他的歧视，贫穷，结构性暴力，社会疾病，被迫在有毒环境中居住或工作以及其他相关因素（Merrill Singer，未刊稿）。

水族农民的常见疾病和医疗也一样体现了他们在政治经济中所处的弱势地位。如前所述，胃病是塘党寨农民常见的疾病，这跟他们不恰当的饮食时间有关系。但是当我们在向当地农民宣传正常进餐对胃的保养有好处的时候，听到的回答是：

> 我们也知道这点，但是我们以农为主，土地又都在山里，最远的离家都有差不多20里，我们去上一趟工，只能带些干粮，中间哪有时间回来吃中饭呀。

可见土地的不合理分配、交通不便利都影响了农民的胃病发病率。

对水族小学生平均身高的测量也发现，水族小学生比同年龄广州市小学生矮得多，甚至在农村的水族学生比在县城的水族学生平均身高要矮，尤其是女生更是大大矮于城市同龄女生。这也跟水族社会对劳动的分工有关。一个水族四年级女生的作息时间见表1。

表1　一个水族四年级女生的作息时间

时间	事项
7：00	起床、扫地、上学（一般不吃早饭）
11：00	放学、回家洗菜、洗碗，帮母亲做饭、吃饭、喂猪
12：30	上学（13：00上课）
15：30	放学、要柴、找猪菜、回家煮饭
吃过晚饭	和妈妈一起喂猪、牛、马
22：30	上床睡觉

“我曾问过十几个年龄跨越度从九、十岁到十六岁的女孩子这样一个问题，‘你觉得男孩子和女孩子之间的最大区别是什么?’令我惊讶的是，尽管她们的答案各种各样，但是有一个答案是无一例外的重复——‘女孩子要干很多的活，男孩子不用；女人要干很多的活，比男人辛苦’。”（中山大学三都水族调查组，未刊稿）性别的不平等由此可见一斑。

四　结论

通过从医学人类学不同的理论取向角度对水族“乡土医学”的分析，我们不难发现如下结论。

乡土医学有与环境和文化相适应的特点，在很大程度上更好地解决了关于当地人疾病和医疗的问题，保障了当地人的健康发展。

乡土医学中也同时反映了当地一些落后的历史文化，并在日常生活中妨碍了当地人民正常的医疗和健康保障，比如水族的“神药两解”“信鬼尚巫”等。在全球化的背景下，乡土医学处于一种相对弱势的地位。乡土医学如何保存好自己的特长，同时又适当融入现代医学的实践和价值体系当中是一个因地制宜的过程，比如如何将水族医学中的精华部分纳入现代医学体系和医疗保障体系。

参考文献

[1] 陈华（1998）：《医学人类学导论》，中山大学出版社。

[2] 王厚安（1997）：《水族医药》，贵州民族出版社。

[3]〔美〕威廉·科克汉姆（2000）：《医学社会学》，杨辉、张拓红等译，华夏出版社。

[4]《中国农村卫生简报6：农村医疗保险——迎接挑战》（2005），世界银行。

[5] 中山大学三都水族调查组（未刊稿）：《中山大学三都水族自治县暑期实习材料——塘党寨的女性社会》。

[6]〔美〕Merrill Singer（未刊稿）：《批判医学人类学的历史与理论框架》。

[7] Dubos, R. (1969), *Man, Medicine, and Environment* (New York: Mentor).

[8] Good, B. (1994), *Medicine, Rationality, and Experience* (Cambridge: Cambridge University Press).

[9] Hahn, R. (1995), *Sickness and Healing: An Anthropological Perspective* (Ann Arbor:

University of Michigan Press).

[10] Kleinman, Arthur (1980), "Patients and Healers in the Context of Culture: An Exploration of the Borderland between Anthropology", in *Borderland between Anthropology, Medicine, and Psychiatry* (Berkeley, Los Angeles, London: University of California Press).

[11] McElroy, A., Townsend, P. K. (1996), *Medical Anthropology in Ecological Perspective* (Boulder, CO: Westview Press).

人类学者在艾滋病预防研究中常见的伦理与安全问题*

李江虹**

【摘要】本文介绍了中美在伦理方面的规定和现状，以及伦理原则在艾滋病研究中运用的具体问题，希望能为人类学者从事该领域的研究提供实际的参考，并指出在艾滋病预防研究中人类学者可能遇到的安全问题以及减少危险的策略，旨在帮助进入此领域的学者减少恐惧感并提高其今后的防护能力。

【关键词】伦理；医学人类学；艾滋病预防；高危人群

中国艾滋病流行的快速增长势头受到了国内外各界人士的关注，促使国际组织和发达国家逐渐投入大量人力、物力和经费用于支持中国的艾滋病科研、预防、治疗、关怀和政策调整。越来越多的外国艾滋病学者开始关注中国的艾滋病问题，越来越多来自不同学科的中国学者从不同侧面介入艾滋病领域。科研的初衷是加强对疾病发生、发展的了解，从而改善预防、诊断和治疗措施，造福受影响的人群。但是艾滋病研究常常需要以人为研究对象，这往往会给研究对象带来一定不适或风险，比如耽误研究对象工作或生活的时间、造成研究对象生理或心理上的不适甚至失去自由等。那么怎样看待和处理科研将给社会带来的利益与对研究对象的伤害呢？艾滋病预防研究的方法常需要面对面访谈、咨询，

---

* 本文原载于《广西民族大学学报》（哲学社会科学版）2006 年第 3 期，收入本书时有修改。

** 李江虹，新疆库尔勒人，美国公共卫生专家，长期从事中国 HIV/AIDS 人类学研究，承担 NIH 研究项目多项，耶鲁大学艾滋病跨学科研究中心客座研究员。

采集生化标本（如血样、尿样），甚至深入吸毒者、性工作者常出没的地方去招募样本，很多不熟悉这方面研究的人的第一反应便是恐惧，担心科研人员自身的安全没有保障。那么，进行艾滋病预防研究可能会遇到哪些安全问题呢？怎样减少或保证科研人员的危险或安全呢？本文将针对与人类研究对象利益和危害相关的伦理问题及科研人员自身安全这两个常见问题展开讨论。

一 保护人类研究对象的背景及基本原则

（一）历史背景

1946 年 12 月 9 日至 1947 年 8 月 20 日，美国军事法庭对第二次世界大战中的 23 名在集中营中进行人体实验的军医战犯进行审判。他们的罪状包括将人体置于极度高温中、施行多种手术，及蓄意使人感染多种致命病原体等。陪审团产生了题为《可允许的医学实验》的条例，后来其被称为《纽伦堡准则》（Nuremberg Code，1974）。该准则的主要内容有：绝对需要受试者的知情同意书；研究必须是为社会利益；研究过程必须避免不必要的心理和身体伤害，为避免伤害和死亡风险而做相应规定；风险的程度不能超过要解决问题的重要性；要有适当的设备和合格的研究者；受试者可以在任何时候随意退出研究；在存在伤害、致残和死亡风险的情况下，研究者必须做好停止研究的准备。1964 年，世界医学协会将《纽伦堡准则》的条款延伸并形成了《赫尔辛基宣言：医生进行以人体为研究对象的科研的指南》（Declaration of Helsinki，1964）。《赫尔辛基宣言：医生进行以人体为研究对象的科研的指南》的主要内容有：应该有书面的同意书；研究应该建立在以前工作的基础之上；研究必须遵照书面的项目书的要求进行；接受独立的伦理委员会的审查；必须注意受试者与研究者有依赖关系的情况；受试者必须得到当时最好的诊断和治疗。

1978～1983 年，美国生物医学、行为医学领域科研人员组成的伦理问题委员会发表了一系列被认为是医学伦理里程碑的报告。这些报告涉及以下几方面内容：对科研对象造成的伤害的赔偿、进行与人类有关的科研的规定、保护人体研究对象及生物医学研究的警钟。20 世纪 90 年代，两个国家级的专家组发表了这方面的重要报告。1994 年，克林顿总统设立了人体实验追溯委员会并要求调查过去十几年来由政府资助的不符合伦理标准的研究。1974 年 7 月 12 日，美国立法（Pub. L. 93 ~348）并成立了保护生物医学和行为医学人体研究对象的全国委员会。该委员会负责确定适用于以人体为研究对象的生物医学及行为医学研究的伦理原则。该委员会被指派考虑如下几方面问题：生物医学和行为医学科研与已被认可的行医之间的区别；在确定以人体为研究对象的科研活动的合理性的过程中，评估风险与利益标准的作用；选择参与科研的人体研究对象的准则；各种情况下知情同意（Inform Consent）的性质和意义。针对以上问题，该委员会于 1979 年发表了著名的贝尔蒙报告（Belmont Report）。该报告的构架成为当今美国有关科研伦理的指导思想。

（二）贝尔蒙报告

贝尔蒙报告确立了三项基本原则：尊重个人（Respect for Person）、受益（Beneficence）和公正（Justice）。“尊重个人”包括两方面的含义：个人享有自主权、自治力不健全的人应受到保护。一个人的自治力随着成长而成熟。有些人由于疾病、精神障碍，或自由受到限制而全部或部分丧失这种能力。尊重未成熟和没有能力的人意味着对他们进行保护。尊重自主权是尊重有自治能力的个人的意见和选择。对大多数涉及人体研究的科研来说，对个人的尊重要求研究对象的参与完全出于自愿，并对研究项目有足够的了解。“受益”是指超出义务之外的仁慈，不仅要尊重对方的决定并保护她/他不受伤害，还要尽可能地确保对方的身心健康。“受益”指：①不伤害；②尽可能地增加利益，减少可能的伤害。医学之父 Hippocratic 的格言“不伤害”长期以来是医疗伦理的基本原则。Claude Bernard 把它延伸到科研领域，声称不论对其他人的好处多大，也不能以伤害另一个人为代价。研究什么能带来益处的过程很可能置研究对象于某种危险中。关键是要决定在什么情况下可以冒一定风险去获得好处，什么情况下需要为避免危险而放弃益处。对于“公正”，谁应得到科研成果带来的益处？谁应承担科研的负担？这就是平等公正的问题。也就是说，“分的平不平？”“谁是应得的？”被广为接受，合理分配利益和负担的原则有：平均分；

根据个人需要分；按劳分配；按对社会的贡献分；按照每人的业绩分。举一个早期以人类为研究对象的伦理反思的负面例子，20 世纪 40 年代，美国以乡下黑人为实验对象研究梅毒不进行治疗的自然发展过程。当时对梅毒这种不仅限于乡下黑人的疾病早有青霉素可以有效治疗，但研究者选择了处于社会弱势的乡下黑人来承担病变的后果，而且不给他们任何治疗。

贝尔蒙报告提出，三项原则在应用方面要求考虑到知情同意，对危险和利益的评估及对实验对象的选择。尊重个人的原则要求在与研究对象能力相当的情况下给他们机会选择是否参与科研项目。知情同意意味着提供足够的信息、通俗易懂及自愿参与三方面。研究对象应对研究目的、操作过程、潜在危险和预计的好处有充分的了解。研究对象应了解他们有提出问题的权利并可以在任何时候退出实验。如果为达到研究目的不宜公开所有操作的话，那么不公开的部分不能有隐藏的危险，并要考虑在适当时间让研究对象了解有关科研性质及结果的合理计划。所传的信息不但要清楚全面，而且要与研究对象的理解力相当。对危险和利益的评估是与受益原则相对应的。研究人员应调整好风险和利益的平衡。这种评估应建立在系统分析和大量数据资料的基础上。评估时要考虑到：野蛮和非人道的做法是绝对不允许的；风险应减少到对于达到目标必需的程度；当风险大的情况下，审核委员会要提高对可能的利益的要求；当弱势群体参与研究时，必须证明让他们参加科研的合理性；相关的风险和利益必须详细备案，并在知情同意书中澄清。公正原则反映在对研究对象的选择上。平等公正在个人和社会两个层面与研究对象的选择有关。从个人层面来说，科研人员不能只对他们喜欢的人施行可能带来好处的研究，而对他们不喜欢的人施行有风险的研究。从社会层面来说，在决定哪些群体应参与研究时，应考虑他们已有的负担、在已有负担基础上再加负担是不是合适。社会公正性建议在选择对象时有一定顺序，比如，先成人再儿童；有些群体，比如被隔离的精神病人或囚犯只有在特殊情况下才可参与科研。不公正的选择常常涉及弱势群体，比如少数民族群体、经济地位低下的人、病重的人、被隔离的人等。由于他们所处的环境对科研很方便，其常常被选作研究对象。鉴于这些人的依赖性，自由意志受到限制的情况，应对他们进行保护，以避免他们轻易受摆布。

（三）美国的有关规定和中国医学伦理的发展

美国联邦法规定所有以人为对象的研究必须经过伦理委员会（Institutional Review Board，IRB）的评审通过、必须有知情同意书（研究对象要签署知情同意书）并向联邦政府保证无论资金状况如何都支持伦理和法规的要求。该法规对一般性的保护人类研究对象的联邦政策，对额外保护孕妇、胎儿、试管授精、囚犯及儿童等方面做了详细规定（Title 45CFR Part 46，1991，2001）。自2001年后，所有由联邦政府资助的涉及人类研究对象的项目的主要研究人员（包括国外合作者）必须在提交项目申请书前接受人类研究办公室的培训并获得合格证书。中国的艾滋病快速流行趋势在21世纪以来受到全世界关注并逐渐接受大量国际资助。中国疾病预防控制中心性病艾滋病控制中心（简称“性艾中心”）于2002年6月发布了《中国疾病预防控制中心性病艾滋病控制中心伦理委员会章程（试行）》并于同年9月18日举行第一次研究项目伦理审查委员会会议且计划今后定期举行。此外，在国际合作项目的带动下，隶属于不同单位的伦理委员会也先后成立并发挥功能。为满足中国在艾滋病伦理学方面的迫切需要，除各国际项目开展的医学伦理学培训外，性艾中心于2003年3月在北京举办伦理学培训班。该培训班由来自中美两国专家，国内来自新疆、广西、云南、河南、四川、山西等地的HPTN项目、CIPRA项目及其他艾滋病科研及现场工作人员参加。培训内容涉及人类研究对象保护的历史沿革与伦理原则、使用人体研究对象的伦理学、美国管理结构、中国管理结构、知情同意的具体规定和操作程序、中国艾滋病防治中存在的伦理学问题、社区咨询和社区参与等方面的内容（张有春，2003）。会议资料在性艾中心网站发布，这成为中国艾滋病科研及防治人员很好的参考文献（《中国性病艾滋病中心伦理委员会相关资料》，2003）。该会议还促成了艾滋病研究伦理审查委员会（IRB）工作网络的建立。会议代表认为该网络有利于促进伦理审查工作的有效开展，加强各地伦理审查委员会之间的联系，保证伦理审查工作真正遵循国际伦理审查工作所要求的普遍原则。该网络的宗旨在于：建立IRB及社区顾问委员会（CAB）标准工作程序、信息共享、交流工作中的经验教训、合作进行伦理学方面的研究并开拓国际交流的渠道（刘春雨，2003）。

二　伦理原则在艾滋病预防研究中的应用

（一）弱势群体、权威形象及尊重个人原则

艾滋病高危人群常常是不受执法部门欢迎或被主流社会歧视的人群，在实际工作中，尊重个人的原则很容易被研究者或其他有关人员忽略。

举一个例子：笔者及项目人员在广东省某强制戒毒所开展针具共用行为与艾滋病危险因素研究时，要求在戒毒所内招募符合项目要求的志愿者。我们第一次去戒毒所时，向有关工作人员介绍了我们的研究目的、方法，并让对方浏览了空白问卷。戒毒所工作人员理所当然地认为我们只要告诉他们选择对象标准，他们去把人叫过来就行，并不认为戒毒人员会拒绝。在这种情况下，我们便向工作人员解释，虽然戒毒人员处于被管治状态，没有和常人一样的自由，但我们还要去与他们谈（要求工作人员不在场），向戒毒人员介绍项目的方法、目的、风险和利益，并征得他们的同意才能调查。戒毒所人员非常热心地为我们准备了教室作为调查场所，招来戒毒人员清理教室，并安排我们的研究人员坐在讲台上，戒毒人员坐在讲台下。我们只好感谢他们的好意，再次请他们离开，并婉言解释我们需要和每一个同意参加研究的戒毒人员单独谈话，不能把他们集中起来以保护他们的隐私权。我们的研究人员在到现场前全都受过保护人类研究对象的培训，项目又有具体的知情同意、保护隐私的具体方法步骤可以作为指南。除此之外，我们的研究人员还知道自己的一举一动、表情、体语（比如让茶水、为自己和对方擦椅子、寒暄家常等）都能反映出是否真正从心里尊重对方（李江虹、Michael Duke、Merrill Singer，2003）。研究人员以医生、学者身份出现时常使自己及对方感到自己处于权威地位，这样的姿态是不利于研究的。研究者要将研究对象置于平等的受尊重的地位，研究对象是有能力做出判断、决定的独立体（否则要考虑是否符合研究对象的资格），研究者不应把自己的观念、信仰、价值观有意无意地强加于人。医生、卫生工作者和教育工作者在这点上尤其要小心，不要不分场合对对方进行所谓的教育。

由于收集的信息往往是有关非法毒品使用、性行为等敏感问题，收集

的资料需要有严格的保密程序来防止其流失到与项目无关人员的人手中。在没有特别要求的情况下，要尽量避免索要研究对象的姓名、住址等有关身份的资料。常用的方法是用字母和数字给每个研究对象编一个用以能与他人区分开的代号来代替所有需要名字的、记有研究对象资料的文件。如果因研究需要必须问名字，那么用于把名字和代码联系起来的清单要妥善保存。一般来讲，需要将这份清单与其他资料分开并密存起来。不是绝对需要该资料的人不能有钥匙。在介绍项目成果、发表论文、致谢时，要避免提到研究对象的真实姓名和可以让他人识别对方身份的信息。若使用小组讨论的方法，要告知所有参加人员，不得提及任何人的真实姓名和有关身份的信息；不应将研究对象与其家人、朋友、同事等相关人员安排在一组讨论；不应与一个研究对象讨论其他研究对象的信息。

（二）隐蔽人群与知情同意的含义

艾滋病研究调查对象的隐蔽性很大，这给我们的样本招募带来很大困难。在没有足够了解和信任的情况下很难使其配合。值得欣慰的是，各国多年的类似研究证明，只要掌握科学的招募方法，有好的伦理学执行方案，研究者及所在机构最终就会与研究对象及所属群体建立起互相信任的关系。我们不赞成为达到研究目标，为争取对方合作而采取任何引诱、隐瞒和欺骗行为。

伦理原则要求我们让潜在的研究对象明白我们要研究什么，要用什么方法（比如问卷调查、小组讨论、深入访谈、非正式访谈、观察等），要问哪类问题，要有哪些风险（如由于谈及敏感问题而引起心理上的不适、非法行为被发现等），我们将采取哪些措施来保护资料不外露，对方将获得哪些利益（如免费咨询、检查、资金补助、对社会的利益等）。这些内容应经过研究小组仔细讨论并形成规范，且确保使用与研究对象受教育程度、文化背景相适应的通俗易懂的语言。要避免使用科学术语、缩写、晦涩难懂的书面语，尽量使用与研究对象沟通顺畅的语言。在以往的研究中，有时研究对象会误以为访谈是为他/她做心理治疗。访谈后对方掏钱付款的现象有时会发生。这时需要反思项目介绍是否足够清楚。值得人类学者注意的是，研究人员常会与研究对象建立起友谊关系，而且很多人类学方法是非正式的，因此当你在调查和收集资料时，你的研究对象以为你们只是朋友间拉家常。也许没必要每次在这种非正式的访谈前都签署知情同意书，但至少在整体研究开始之前，应让研究对象充分认识到你所使用的资料收集方法并取得对方的许可。

在研究开始之前，一定要让对方了解其参与应是自愿的。有的时候，仅仅取得口头同意或签字是不够的，研究人员要注意分析当时的情况，小心观察对方是否由于某些因素而不便拒绝。征求知情同意的过程应是一对一的，以排除他人干扰，并且要给对方时间和机会问问题。调查开始之前应让对方知道，虽然他/她提供的信息对我们很重要，但他/她有权拒绝回答那些他/她不愿回答的问题，有权在任何时间退出研究。

（三）干预与服务

John Fitzgerald 和 Margaret Hamilton（1996）提出，不宜在调查过程中进行健康教育以免影响资料的准确性。但这不等于说我们为了收集准确信息就可以不考虑健康教育。“受益”原则要求我们不但要将危害程度降到最低，而且要尽力增加益处。由于我们进行的是与预防疾病有关的研究，研究对象多少会把研究人员看成艾滋病专家或医生。如果访谈过程中对方提到某些危险行为而我们没有告知其危险性的话，则对方很可能会默认这些行为得到了专家的认可。一般来说，我们要求调查员在访谈结束后，对研究对象进行简短的减少危害的健康教育：一同回顾那些有关性病艾滋病知识的部分，看哪些是正确的、哪些是错误的、哪些行为是可能传播疾病的、危害有多大、怎样减少危害等。除此之外，在美国的研究项目还尽力帮助研究对象寻找、安排有关的其他服务，如戒毒治疗、相关检测和治疗、食品、衣物、工作培训、医疗保险等。很多这样的服务通常是免费的，但由于研究对象不熟悉服务系统，他们常需要社会工作者的帮助来得到自身需要的服务。在中国，虽然此类服务不是很多，但政府正在努力改变。默沙东替代法戒毒、针具交换、推广安全套、免费艾滋病检测等项目渐渐由试点推广开来。中国政府已经承诺要对经济困难和贫穷地区的艾滋病患者进行免费治疗，但具体执行办法出台的细节、各地区实施情况等问题，研究对象不一定很清楚，因此，研究人员不但要关心自己的科研课题，还要注意留心有关服务方面的信息，尽量帮助研究对象寻求服务和帮助。

（四）样本选择和招募

公正原则要求在样本的选择和招募过程中公平分配风险和利益。常见的通过参与科研项目可获得的利益包括金钱方面的酬劳、免费咨询、免费检测、减少危害的材料（如安全套、针具消毒用品、健康教育材料等）。我们在中国开展项目的过程中，就针对是否付给戒毒所戒毒人员的酬劳要比社区里的吸毒者的酬劳低、是否应给高档娱乐场所的小姐的酬劳要比发廊小姐的酬劳高这样的问题展开过激烈讨论。就风险而言，至少是耽误对方时间。我们的问卷调查或深入访谈一般在1～2个小时。对方要对其他事情做出相应安排，而且会感到一定程度的疲劳。除此之外，我们需要询问有关非法毒品使用、性行为等涉及个人隐私的问题，或许还会触及对方其他生活，情感方面的脆弱、伤痛之处，这些问题可能会使对方感到不适。对有些人（如社区里的吸毒者、性工作者等）来说，参加科研项目会让他们担心身份被识破。这些科研带来的负面影响是不能忽略的。除了要提前让对方知道外，在样本选择方面应注意尽量保护弱势人群。比如，在能保证招募成功的前提下，尽量使用社区自由人群样本而回避被管制的人群；在研究目的和方法被允许的情况下，尽量避免使用偏远、贫穷、少数民族人群。值得注意的是，中国现有的并不健全的艾滋病资料系统中，多见那些边远地区的资料，大城市的资料并不多。这是不是因为研究人员在大城市做类似工作的难度较大？他们是否忽略了风险和利益的公平分配问题？

（五）实际研究中出现的伦理难点

在了解了伦理原则、浏览了这些原则在艾滋病预防研究中应用的常见问题后，似乎可以上阵操练了，但我想提醒初入该领域的学者注意，在实际操作过程中一定会遇到怎样平衡研究目的和方法、法律责任、社会公益、个人隐私及伦理原则和不同要求的问题。有些时候答案并不是黑白分明的，研究人员会发现自己处于进退两难的处境。比如，人类学参与式研究方法的特点常使研究人员与研究对象建立友好亲密的关系。这原本是值得人类学者标榜的成功标志，但麻烦的是，有时候你会觉得知道得太多了。如果你的研究对象说他恨某人并想杀了他，你是去报告警察还是通知那个他恨的人呢？抑或是为了保护他的隐私而保持沉默？如果你的研究对象是公共汽车司机，他酗酒或吸毒而有时处于行为失控状态，你是保护他的个人隐私呢？还是告诉他的领导以保护公共安全？这些问题有时候是不好回答的（John，Margaret，1996；Leeman，Cohen，Parkas，2001；Singer，Simmons，Broomhall，2001）。首先我们需要详细了解与这些问题相关的具体背景情况。比如，说想杀人的研究对象只是说一说发泄心里的愤怒呢？还是已经有具体的杀人计划而且要马上付诸实施？他说要杀的对象是某一具体可以识别出的个体呢？还是泛泛涉及某一群体的一员？那个公共汽车司机是否在接受治疗？他在上班时是否喝酒或吸毒？酒或毒品对他的驾驶情况影响多大？终止他所正在接受的治疗结果对他个人、家庭，即社会的潜在危害是什么……除分析这些具体背景和细节外，研究人员要了解我们在法律方面所必须承担的具体责任。哪些情况是必须报告的？哪些情况下我们可以先尝试劝说？哪些事情属于其他部门的责任？有经验的研究人员会在研究开始前提醒研究对象哪些情况是研究人员必须报告的，请他们不要说那些可能会被人用来找他麻烦的事情。在访谈过程中，有些研究人员预计对方要提到某些不好处理的事情之前，会赶快岔开话题以防对方说出不该说的话。需要指出的是，有关艾滋病预防研究及伦理研究在中国开展得很有限，很多时候没有先例可参考。但是国际上这方面的研究讨论已经不少了。我们需要大量查阅有关文献以借鉴并从以往的研究中总结出相关经验。研究小组与所属伦理委员会应保持密切联系，讨论并制定具体的章程作为指导。

三　艾滋病现场研究中常用方法及研究人员可能面临的危险

前面所谈的伦理学问题主要是关于如何保护研究对象，下面所讲的是关于研究人员自身的安全问题。人类学方法强调参与式观察。从空间上讲，研究人员要进入他人的领地；从内容上讲，研究人员关心的是他人的日常生活，甚至关于隐私性的和感情世界的东西；从目标上讲，要求探寻他人的看法、经验，以及感情；从方法上讲，常需近距离的、个人的田野观察和非正式的访谈（而不像其他学科那样有清楚的调查界限）；从义务上讲，人类学者长时间将自己的生活融入他人的生活以及社会世界当中（Merrill Singer，2002）。这些特点是研究人员与研究对象之间建立起友好的信任关系而成为获得丰富资料的前提。但值得注意的是，针对艾滋病高危人群开展的研究的性质决定了它的研究者要面临一定的风险。尽管，实际上安全事故发生的概率并不像大多数人想象的那样高。

常见的研究人员面对的风险可以发生在样本招募过程（尤其是采用社区外展方法）、访谈过程及其他田野活动中。归纳起来主要有以下几方面。①感染艾滋病、肝炎、性病及其他传染病病毒的可能。艾滋病病毒的潜伏期可以长达很多年。从表面上看起来健康的人不等于不携带病毒。艾滋病病毒的传播方式与乙肝、丙肝相似，都通过血液。虽然日常接触不会传染病毒，但现场中出现皮肤破损的可能性还是有的。②触犯法律法规的可能。在艾滋病预防研究的历史上出现过研究人员越过法律界限的事件。比如，与研究对象共用毒品；帮助研究对象获得毒品；容许对方用自己的汽车、家、办公室来吸食毒品；为研究对象保存或传递毒品；帮助研究对象放风以躲避警察等。③与研究对象的关系越过一定界限而陷入麻烦境地的可能。在研究人员与研究对象关系好到一定程度时，一不留神就会超出工作关系。比如研究人员会被要求借钱给研究对象；替研究对象拿注射器或其他吸毒用品；与研究对象发生性关系；研究对象向研究人员提供可能是偷来的东西等。④受到人身伤害的可能。这是不熟悉艾滋病预防研究的人最常见的忧虑事项。虽然这并不常见，但以往确实有研究对象出现攻击性行为的现象。⑤间接的精神创伤（Secondary Trauma）。不像一般的问卷调查，人类学者常研究研究对象生活的故事。吸毒者、性工作者、以卖血为生的农民往往有很多辛酸的故事。一个好的人类学者必定会听到很多这样的故事，而且能体会对方在情感方面的痛苦经历。这些体验若得不到良好的疏导便会对研究者本身带来间接的、精神上的负担甚至创伤。

四　减少危险的措施

国际上几十年艾滋病预防的参与式研究实践总结出了许多降低危险程度和保证安全的经验。实际上，只要了解了此类研究的特点，采取恰当的防范措施，安全问题出现的概率要远比多数不了解情况的人想象的低得多。下面谈到的内容主要来自笔者所在的社区研究所和拉美人健康中心过去20年总结出来的成功经验及相关文献提到的经验（Merrill Singer，2002；Claire Sterk-Elifson，1993；Stephen Koester，1996；Merrill Singer，1999；程瑜、李江虹、Michael Duke、Merrill Singer，2004；Duke，Santelices，Nicolaysen，Singer，2003）。读者需根据当地具体实际情况加以取舍或改动，不一定完全照搬。

（一）培训

保障研究人员安全首先要消除研究人员及所在单位其他同事对研究对象的恐惧感。人的恐惧感大多来自对所面对事物的不可知及缺乏控制能力。系统的培训不但能保证方法正确有效，而且能大大减少潜在的危险。培训的内容可包括：了解研究对象的特征；招募方法的原则、实际操作和注意事项；收集和处理生物样本（如果有此需要的话）的方法和注意事项；艾滋病病毒传播的基本途径和防御措施；伦理原则；一般安全原则和具体安全措施；识别非语言情绪激化的征兆；人际关系技巧和缓和气氛的技能；哪些情况下应提前终止访谈；自卫方法；设立安全出口等。根据不同项目的需要，培训可简单也可复杂。但培训者必须熟悉类似研究，有实际经验。非常重要的是，安全培训不能仅限于一两次集中培训。新的访谈员、外展人员，或民族志者（Ethnographer）需要多次与有经验的人员搭配以从实践中学习。访谈员应对访谈感到自信，否则需要强化培训和更需要被监督。培训不应只限于项目人员，与研究对象有见面和接触机会的其他工作人员也应接受最基本的培训，以消除他们的恐惧心理并给予项目人员足够的支持。

（二）访谈地点

根据不同项目的具体需要，访谈地点可能在本单位也可能在其他相关单位或公共场所。在选择访谈地点时有两个基本原则。第一个原则是，研究对象必须感到安全，有足够的自主权，并且资料的保密性有保障。这样能确保对方感觉良好从而保证收集资料的质量并减少对方情绪激化或行为激进的情况。访谈地点应尽量选择在安静、干扰少的地方。第二个原则是，访谈员的安全绝不能受到威胁。在需要平衡这两个原则时，后者应被优先考虑。最理想的场所应是本单位。如果本单位还有减少危害项目（如针具交换）或治疗项目将更好。访谈室内应有电话以便需要时与外界联系。室内摆设除访谈必需物品外应尽量简单，不应有可以用作武器的器具。座位的选择要考虑到访谈员在必要时可以很方便地使用门或其他出口。

（三）外展（Outreach）或田野调查的注意事项

外展是美国人类学者在开展隐蔽人群（Hidden Population）研究常用的样本招募方法，指的是由外展人员携带减少危害的材料（如健康教育材料、避孕套、消毒针具用品和除注射器和毒品外的其他安全吸毒的用具）深入目标人群所在的社区去介绍自己和研究项目以招募研究项目志愿者。外展人员都配备手机以便在需要时能及时与其他同事联系。通常情况下，要对所在社区和目标人群非常熟悉。如果是去一个新的不熟悉的地方，或在夜间开展外展活动，则一般最好两三个男女一起配搭。全是女性固然会增加工作人员被袭击的可能，全是男性则容易给他人构成心理上的压力。在项目开展前，外展人员或民族志者会先去当地警察局介绍本项目以取得对方支持。这种支持指防止项目人员被当成吸毒者的同伙或被抓起来，也可指不在项目开展地区特别增加警力以免目标人群误以为研究人员与警察是一伙的。要坚决避免与警察联合行动或关系太近，这样会使项目人员和所在机构彻底失去信誉。外展人员工作时要佩戴证件，其装束要与所在社区相适应，避免过于引人注目。如果是去注射毒品常发生的地方，最好不要穿短裤和凉鞋，以免不慎被注射器扎到。最后外展成功的最大经验是，外展人员要相对固定并经常在社区中出现以让大家认识。当良好的信任关系建立后，要注意不能跨越一定的界限，如从事非法活动，为非法活动放风，与研究对象发生性关系，等等。

（四）定期项目会议和及时反馈

笔者所在的社区研究所和拉美人健康中心所有的研究项目一般两周举行一次项目会议（根据具体需要还会临时增减）。会议给从事不同方面工作的人员一个机会了解他人和项目整体的进展，回顾过去两周的工作开展情况，讨论出现的问题，并部署下两周的具体安排。一切安全问题都可以在这个会议上讨论，这样，现场人员可以及时提出他们担心的问题，及时得到解决对策，并使他人从中学习到经验。如果事情紧急可不必等到开会，任何时间都可以与上司或项目协调员联系。传统上，人类学者不习惯团队活动而倾向于独自深入一个地区工作。由于艾滋病危险人群的特殊性，我们不赞成独自行动，因为这样无法保障研究人员自身的安全（Tiantian Zheng，2003）。

（五）心理咨询与免疫接种

本文前面提到过出于伦理原则，项目要尽力为研究对象介绍和安排相关服务。有时候工作人员自身也需要相应服务，特别是心理方面的。如前所述，民族志者由于大量体验研究对象的动荡、艰难，甚至悲惨的生活，自身心理上会有一定负担或创伤。如果这些问题通过项目会议、同事和上司的疏导，或工作调整得不到解决的话（很少出现），就要考虑进行心理咨询或治疗。目前还没有可以有效预防艾滋病的疫苗，但与艾滋病病毒传播途径相似的乙型肝炎病毒有疫苗。有关工作人员应提前注射疫苗并定期做相关检查。

（六）制定供全单位参考和执行的安全准则

所有开展与吸毒人员、性工作者等有关的研究的机构都应考虑制定可供全体职员参照执行的安全准则。该准则应对常见问题提出基本原则，并对一些具体问题，如手机配置、疫苗接种、访谈地点选择、外展装束、家访、监督、事故报告程序等做出具体规定。安全准则的制定不但起到保护研究人员、机构本身的作用，也具有保护研究对象的功能。

五　结论

中国可能要面对的大规模艾滋病流行的灾难召唤着中国的人类学者担负起与其他学科学者和公共卫生工作者共同与疾病做斗争的历史使命。除了学习以往不熟悉的医学及公共卫生领域的方法外，还必须学习如何面对医学伦理和安全这两个常见问题。笔者相信医学人类学将在中国迅速兴起并将参与大量的国际合作项目。本文列举的几个国际上重要的，特别是与美国有关的涉及人类研究的伦理文献，中美在伦理方面的规定和现状，以及伦理原则在艾滋病研究实践中运用的具体问题，将为人类学者从事该领域的研究提供实际的参考。希望本文描述的艾滋病预防研究中，人类学者可能遇到的安全问题以及减少危险的策略，能帮助进入此领域的学者减少恐惧感并提高今后的防护能力。

参考文献

[1] 程瑜、李江虹、Michael Duke、Merrill Singer（2004）：《社区外展：广州吸毒者的个案研究》，《广西民族学院学报》（哲学社会科学版）第4期。

[2] 李江虹、Michael Duke、Merrill Singer（2003）：《社会文化因素对广东省静脉吸毒者共用针具和艾滋病高危行为的影响项目培训（II）》。

[3] 刘春雨：《艾滋病研究伦理审查委员会（IRB）工作网络建立》（2003），http：//www. chinaids. org. cn/worknet/irb/news/2003032002. asp。

[4] 袁岳等（2003）：《走进风月：地下性工作者调查》，中国盲文出版社。

[5] 张有春：《研究伦理学与伦理审查委员会讲习班在北京举行》（2003），http：//www. chinaids. org. cn/worknet/irb/news/2003032001. asp。

[6]《中国性病艾滋病中心伦理委员会相关资料》（2003），http：//www. chinaids. org. cn/worknet/irb/news/2003032001. asp。

[7] Merrill Singer（2002）：《社会文化因素对广东省静脉吸毒者共用针具和艾滋病高危行为的影响项目培训（Ⅰ）》。

[8] Cavin P. Leeman，Mary Ann Cohen，Valerie Parkas（2001），"Should a Psychiatrist Report a Bus Driver's Alcohol and Drug Abuse? An Ethical Dilemma，" *General Hospital Psychiatry*，23.

[9] China's Titanic Peril（2002），2001 Update of the AIDS Situation and Needs Assessment Report（2002），The UN Theme Group on HIV/AIDS in China.

[10] Claire Sterk-Elifson（1993），"Outreach among Drug Users：Combining the Role of Ethnographic Field Assistant and Health Educator，" Human Organization，52（2）.

[11] Declaration of Helsinki（1964）.

[12] John Fitzgerald，Margaret Hamilton（1996），"The Consequences of Knowing：Ethical and Legal Liabilities in Illicit Drug Research，" *Social Science Medicine*，43（11）：1591－1600.

[13] Merrill Singer（1999），"Studying Hidden Population，" in Jean J. Schensul，Margaret D. LeCompte，eds.，*Mapping Social Networks，Spatial Data，and Hidden Populations*（Walnut Creek，California）.

[14] Merrill Singer, Janie Simmons, Michael Duke, Lorie Broomhall (2001), "The Challenges of Street Research on Drug Use, Violence, and AIDS Risk," *Addiction Research & Theory*, 9 (4): 365 – 402.

[15] Michael Duke, Claudia Santelices, Anna Marie Nicolaysen, Merrill Singer (2003), " 'No somos la migra': The Challenges of Research among Stationary Mexican Farmworkers," *The Northeastern United States Practicing Anthropology*, 25 (1).

[16] Nuremberg Code (1974), http://ohsr.od.nih.gov/guidelines.

[17] Stephen Koester (1996), "The Process of Drug Injection: Applying Ethnography to the Study of HIV Risk among IDUs," in Tim Rhodes, Richard Hartnoll, eds., *AIDS, Drugs and Prevention: Perspectives on Individual and Community Action* (London: Routledge Press).

[18] Tiantian Zheng (2003), Research Methodology on Workers in the Karaoke Sex Bar Industry in Urban China, Yale University Methodology and Biostatistics Seminar Series.

[19] Title 45CFR Part 46 (1991, 2001), Protection of Human Subjects.

第二编

性别平等

中国的计划生育政策与都市独生女的赋权*

〔美〕冯文/著　余华/译**

【摘要】 中国计划生育政策下的人口模式使都市女童获益诸多。长期以来在以父系亲族关系为主的中国社会里，父母对女童的成长缺乏投资的动力。而今，独生女享有了前所未有的父母关怀和支持，也不用再与弟兄们争夺父母的投资。低生育使母亲们有能力外出工作并获得收入，能在物质上孝敬其父母。一方面，事实已经证明了独生女有能力赡养其父母，另一方面独生女没有与之争宠的弟兄，因而获得了前所未有的力量来反抗不利的性别共识，并从中受益。

【关键词】 计划生育；独生女；生育率；性别潜规则

一　问题的提出

1998年，我第一次辅导一个父母都是工人的中国大连女孩儿——丁娜，我觉得她父亲的态度印证了一个父亲对女儿的偏见，正如许多有关中国家庭研究中所描述的一样（Greenhalgh，1985a，1994b；Harrell，1982；Salaff，1995；Wolf，1968，1972）。虽然丁娜勤奋好学、彬彬有礼，但她还是经常被父亲责备，而且父亲总说长期以来都希望能有个儿子。即使丁娜在模拟考试中排名全班前20%，她父亲还是担心她不能考进一所四年制大学。“要是你不能上大学，你以后能去干吗？”父亲悲哀地说，“如果你

* 本文原载于《广西民族大学学报》（哲学社会科学版）2009年第6期，收入本书时有修改。

** 冯文，哈佛大学教育学院副教授。余华，浙江大学当代中国话语研究中心博士研究生，主要研究方向：话语学、文化人类学。

是一个男孩，你就可以在国外留学，靠打工养活自己，可你一个女孩在国外除了坐在那里等我给你寄钱还能做什么？何况我又没那么多钱能寄给你。”虽然妈妈经常表扬丁娜比其他同龄人更会帮家里做家务，可当丁娜帮爸爸提杂货或移家具有困难的时候，爸爸就会劈头骂来：“女孩儿真没用，如果是男孩儿，这些事情都会做。”

1999 年 7 月 26 日，丁娜的高考成绩出榜后，我开始从不同角度看待丁娜和她爸爸之间的关系。我和丁娜及丁娜的父母一起守在电话机旁直到午夜，不断地拨打高考成绩热线电话。当丁娜最终拨通电话，写下各科目的分数，并一再重算她的总分，她的眼睛瞪得大大的。“你确定没听错？”她妈妈问。丁娜很确定。她的分数比在高中任何一次模拟考试的成绩都要好，远远超过了重点大学分数线。在我们的庆贺声中，她高兴地叫了起来。她爸爸激动地对她笑着，眼里闪着泪花，“爸爸不该老想有个儿子，像你这样的女儿顶得上十个儿子了”。

像丁娜这样的女孩的经历和经典的中国性别研究中在父系、父居、父权社会成长起来的女孩们的经历大同小异（Andors，1983；Croll，1995；Greenhalgh，1985a，1994b；Jaschok，Miers，1994；Stacey，1983；Watson，1986，1996；Wolf，1968，1972）。父权社会的性别潜规则在各方面压制了 20 世纪 50 年代之前出生的女性，在一定程度上也影响了五六十年代出生的女性。然而中国计划生育政策被载入宪法之后出生的女孩则更能利用自己的优势和权利对不利的性别潜规则发起挑战，这也归因于父系继嗣的衰落和家中没有了与之争宠的兄弟（任何给定的性别规范的不利或有利的程度取决于每个人的性格特征：比如，与女性相关的温柔的性别规范可能帮助一个求职的高中毕业生获取一份秘书的工作，但是这种性别规范阻止了一个女大学毕业生成为一个经理，因为经理不应该这么温柔）。

本文论述中国的都市女孩从计划生育政策的人口模式中获益颇多，通过比较 20 世纪 80 年代后出生的独生女和她们的母亲、祖母的经历，表明中国的独生女享有前所未有的女性权利。虽然笔者论述低生育是都市女孩赋权的关键，但并非唯一必要且充分的因素。低生育只有在女性有就业和受教育机会的区域才能对女孩赋权。在受教育机会和就业机会对女性仍然难得的乡村，强制性的低生育非但不能给女性赋权，反而为其带来挫折感。比如在大连这样的城市，若独生女的母亲表现出赡养年迈父母的无能为力，那么她们与家中兄弟们竞争家庭资源时享有的权利就明显减少。

二 理论思考

发达国家和发展中国家的很多研究显示出低生育和女性赋权之间的高相关度（Abadian，1996；Balk，1997；Davis，1986；Dharmalingam，Morgan，1996；Keyfitz，1986；Sathar，1988）。这些研究重点讨论低生育对母亲赋权的原因及其结果，本文更多地关注低生育对独生女的赋权。中国计划生育政策让母亲从怀胎和抚育子女的重负中解脱出来。相比之下，此政策为都市独生女无疑带来更多的利益。

由于大连这样的大城市对现代化在全球各大城市所带来的低生育文化模式的认同，大连市民对计划生育的反对声音很少。一个社会的生育率提高通常与现代经济发展带来的婴儿死亡率下降有关，而大多数生活在都市里的孩子的消费水平远远高于其的生产水平，随着教育的普及和重视，人们把教育看成通往成功之路的通行证，多数父母的工作收入往往很难完全负担起抚养孩子的费用，所有这些因素都有可能导致生育率下降。

在现代经济体系下，父母即使花费了很多时间和金钱来抚养、教育孩子，孩子却不能给家庭带来相应的回报，因此父母倾向于少要孩子（Aries，1996：413；Handwerker，1986：2；Knodel et al.，1984；Oshima，1983）。独生女因此得到更多的鼓励去追求高学历，接受有挑战性的工作，这一点也导致出生率降低。比起把时间用在养育孩子上，高学历的女子更倾向于把时间花在报酬高的工作上。女性就业率的上升是低生育的最相关因素之一（Burggraf，1997；Essock-Vitale，McGuire，1988：229，233；Felmlee，1993；Gerson，1985；Sander，1990；Weinberg，1976）。如罗布特（Robert A. Levine）在1983年对墨西哥的母亲教育和育儿实践的研究中也发现，育儿培训也容易使女人们学到降低婴儿死亡率的育儿知识，因而也减少了多生孩子的需要（LeVine et al.，1991）。

米希尔·罗莎多（Michelle Zimbalist Rosaldo，1974：17－18）把性别不平等归因于普遍的“女性主管‘家内’与大多数社会中的男性主管‘家外’或‘公共领域’之间的对立”。与家庭内部领域不同，公共领域中公认的社会角色、权利和职责为赋权提供了更多条件。此外，公共领域中没有亲密关系成分存在的权威；有成就事业和身份地位的机会而非被动接受社会地位；有创造“文化”的能力；有被归类为“正常”而非“异常”的倾向；有利用更大的文化价值去控制商品生产的能力，这些都是公共领域所能赋予的权力（Rosaldo，1974：25－35）。但这种理论后来不仅被其他女性主义人类学家所批判，罗莎多自己也承认这种理论的前提是简单的二分结构，而这种二分结构是不可能真实存在于任何社会中的（Collier，Yanagisako，1987；MacCormack，Strathern，1980）。然而，基于男人主导公共领域和女人从属家庭领域的分工而导致的长期以来中国社会的男女不平等，对于理解中国社会的性别体系，罗莎多的观点仍有一定的意义。

随着现代社会经济带来的女性就业机会的增加，当父母认为女儿有能力挣钱养家时，父母对女儿的偏见也有减少的趋势，这种趋势在20世纪80年代的中国台湾和20世纪七八十年代的印度都有学者论述过（Kishor，1993；Murthi et al.，1995；Rosenweig，Schultz，1982）。伴随着现代化的到来，计划生育政策促使女性把精力更多地投入工作和教育中，而非仅仅承担母亲的责任。然而经历计划生育的第一代女性对此可能并不适应，她们在成长过程中培养起来的多子多福的观念，一旦不能达成心愿，就有遭受痛苦的可能。相比之下，计划生育政策实施后出生的独生女则受益匪浅，她们从小就接受了重视学业和事业成功的价值观，现代经济和计划生育政策也使她们具有这样的能力去追求学业和事业上的成功。在调查研究中，有32%（N＝1215）的被访女子表明她们一生中不希望有小孩。计划生育也使中国都市独生女得到了父母大量的投资，并有能力赡养父母——这是长期以来中国人很重视的价值观，然而之前只有男人有能力这样做。

三 方法与呈现

丁娜是我在大连——中国东北辽宁省的一个很大的海岸城市的两次田野调查中（分别是1997年、1998～2000年）辅导过英语的学生之一。为了了解独生女，我在初级中学、职业中学、非重点大学预科学校展开了参与式观察研究，还曾在107个家庭辅导孩子们的英语并为她们提供出国信息，与其中的31个家庭建立了长期联系，并参与她们的社会生活、休闲生活和日常活动，且在我调研的学校中让学生们做了2273份问卷调查（这份调查于1999年在初中8、9年级和职业高中的10、11年级以及大学预科班的10~12年级的学生中进行。在2273名受访者中，738名学生来自初中，753名学生来自职业高中，782名学生来自大学预科班。初中和大学预科班中的男女性别比例平衡，而职业高中的女生占71%，因为这所中学在由女性主导的专业上比较强势，如商科和旅游业。只有当调查结果受性别和学校的影响很大时，我才把我的统计结果按性别或者学校分类）。在与我建立长期联系的31个家庭中，只有两个家庭不是独生子女家庭，我调查的对象中只有6%的受访者（N=2167）有兄弟姐妹。

在本调查中，虽然大多数处于社会底层的青少年（比如伤残儿童或没有城市居民身份的孩子）及大多数精英少年（有可能进入私立中学、重点中学或出国学习的孩子）未被涉及，但是我所调研的学校所招收的学生的社会经济背景是多种多样的。由于这些中学所处的中端位置，这些调查结果不至于与在大连青少年中做的普查或抽样调查所得结果相差太远。大连的教育体系把中学分为六个不同的级别。我所调研的非重点大学预科学校属于第二等，而职业中学属于第五等。我所调研的初级中学有各种成绩水平和社会经济地位的学生，因为它招收所在区域的所有小学毕业生，不论其考试成绩或经济条件如何。几乎所有的大连儿童都必须就读小学和初中，大多数还要就读高中（Dalian Shi Jiao Yu Zhi Bian Zuan Ban Gong Shi, 1999：219－221，394－426）。

我提供的辅导和出国信息对相信自己有机会考上高中或大学，相信自己有机会出国读书，或工作中需要英语技能的学生有真正的帮助。我觉得大多数都市独生子女都有这样的信心，因为94%的受访对象（N=2192）表示自己曾接受过个别辅导或补课学习，而我也极少听到都市独生子女说自己没有“向上爬”的愿望。然而，我仍不能说自己已经了解中国社会经济金字塔的各个层面的家庭情况。就如我的调查样本所示，其中不包括极少数的精英或金字塔最底层最广大的农村贫苦阶层的孩子。我的研究不代表那些国家重点大学中主导学术话语的优秀学子的经历，也不代表占中国人口64%的农民群体的孩子们的声音。

四 计划生育政策

在20世纪五六十年代，在把妇女从生育的重负下解放出来的目标的激励下，避孕技术的广泛推广成效显著。1979年宣传计划生育政策时，提高妇女地位（给妇女赋权）只是这一政策的益处之一（White，1994）。避孕措施从1953年起就得到中华人民共和国的官方批准，直到1962年才得到广泛普及。1970年，计划生育政策开始在中国实施，鼓励每个家庭的孩子不超过两个，但实施得并不均衡。严格实施的生育限制始于1978年，那时政府制定了2000年前把人口控制在12亿人以内的目标，并决定只有在全国实施计划生育政策才是避免超出人口目标的唯一之道（Liu Zheng，1981；Peng Xizhe，1991）。尽管农村普遍的抵制导致了大部分农村实际上每家两个孩子的情况（Greenhalgh，1994a），中国已经接近了2000年目标，全国人口普查结果在2000年是12.7亿人（Chu，2001）。1970年，中国平均每个妇女生育六个小孩；1980年，中国每个妇女生育两个小孩（Coale，Chen，1987：Whyte，Gu，1987：473）。即使在计划生育政策实施之前，农民的生育率比城市居民也要高。在农村，两孩家庭不足为奇，男孩在农民眼中不仅是劳动力，还是年老后的保障，因此农民对男孩强烈的渴望使计划生育政策在农村难以实施（Greenhalgh，1990，1994a；Greenhalgh et al.，1994；White，1987，2000）。在城市，1978年后结婚的绝大多数妇女只有一个孩子。20世纪90年代，违反该政策情况已随着收入的增长和国家部门的精简、相关机制的弱化而减少，计划生育政策在大连这样的大城市也得到了普遍的遵守。

我并非忽略计划生育政策所带来的负面影响，然而全面看待此问题须看到由生育率的降低带来的都市独生女地位的提高。正如学者们在中国其他城市的调查所指出的（Gates，1993；Milwertz，1997），城市对计划生育政策的抵制远不如农村那样强烈。从20世纪80年代，预测婴儿性别的医学技术在大连已经发展成熟，但是我辅导的男孩们的母亲们都否认曾因避免生女婴而流产。在我的调查对象中，较女孩的父母而言，更多男孩的父母住在农村［在我的调查中，38%的女性受访者（N=1254）和29%的男性受访者（N=852）表示至少父母亲中有一方不曾在农村生活。而62%

的女性受访者和71%的男性受访者表示他们父母亲双方都曾在农村生活]。我知道的大多数大连父母告诉我只有一个孩子是可以接受的，哪怕只有一个女儿也可以，有些甚至告诉我很高兴自己的孩子是女儿。父母们从自己的经历中知道女儿也可以履行之前只有儿子才能履行的职责：赡养老人。与农村父母不同，我所辅导的女孩的父母并没有不惜一切代价地想要一个儿子。

（一）独生女母亲的馈赠

从独生女的母亲一辈开始社会亲属体系的转变，将父系、父支、父居关系推向父母双系、双边的新居模式。这种模式的转变至少有部分是由于低生育使母亲有了工作收入而带来的。工作收入使母亲有经济能力赡养年迈的父母，证明女儿也能像儿子一样供养双亲。

之前的研究往往把中国社会的男性主导地位归因于父母对男性的偏爱（Greenhalgh，1985a，1994b；Salaff，1955；Wolf，1968，1972）。我的学生的祖父母告诉我，在他们年轻的时候，女子在婚后不能与她们的父母同住，不能照顾父母，也不能给年迈的父母经济上的支持。假设之前的几代人中，女儿和儿子平等的最大障碍是因为女儿不能在父母年老时供养侍奉，那么可以由这个假设推出父母不愿把家庭资源投资给女儿的原因。

因为我调查的大多数学生的祖母都缺乏供养她们父母的经济能力，她们难以与养儿防老的文化期望相抗衡。早在20世纪20年代，倡导中国女权运动的同人就把工作收入作为女性解放的关键（Lan，Fong，1999）。出于动员女性劳工为国家经济发展做贡献的需要，以及女权主义思潮的影响，新中国成立后就开始给女性提供就业机会。然而大多数学生的祖母说她们那时忙着生育和养育孩子，没能好好利用那些机会。根据1999年我在高中和初中学生中做的调查，他（她）们父亲中的81%（N=1998）和母亲中的82%（N=2006）至少有三个兄弟姐妹。“我早上很早起来就为五个孩子买菜、做饭、打扫卫生、缝补衣服，事情做完了，太阳也要下山了。”一位祖母说，“如果我出去工作，谁来做这些事情?”比起丈夫和孩子们，祖母更容易一辈子待在家里而不外出工作［根据调查结果，从未做过有薪水工作的相对比例：祖母（N=1871）为36%，外祖母（N=1493）为34%，祖父（N=1651）为0%，外祖父（N=1748）为0%，母亲

（N＝1995）为0%，父亲（N＝1964）为0%]。

产假和由经常怀孕引起的身体问题也阻碍了20世纪五六十年代外出工作的女人们的事业的发展。“因为我上过学，我就可以在楼上的工厂办公室工作，但我一怀孕就要请假，所以就得不到一个很好的职位。”另一位祖母告诉我：“我生了第四个孩子之后，身体总是不好，就没有工作了。”这样祖母们不可能像她们的丈夫和孩子们那样在她们生命中的某个时候当干部、经理或白领工作人员[根据调查结果，曾经做过干部、经理或者白领的相对比重：祖母（N＝1871）为14%，外祖母（N＝1493）为15%，祖父（N＝1651）为42%，外祖父（N＝1748）为45%，母亲（N＝1995）为38%，父亲（N＝1964）为48%]。

很多研究中国女性地位的学者（Honig，Hershatter，1988；Stacey，1983；Wolf，1985）和研究其他国家女性地位的学者（Goldman，1993；Hochschild，Machung，1989；Molyneux，1985；Randall，1992；Steil，1995；Stockman et al.，1995）曾论述工作女性的双重负担，既有正式工作的“第一趟班”也有家务活的“第二趟班”。然而，在筋疲力尽程度和耗费时间上，似乎20世纪五六十年代要照顾那么多孩子的唯一一趟班的家庭妇女和八九十年代只需照顾一个孩子却要赶两趟班的工作妇女一样累，这两代女性都每天从早忙到晚。主要的区别在于工作妇女每个月的工资会让她们的丈夫、父母和公婆意识到她们的能力和不可或缺的地位。

由于中国政府分配的套房不足以容纳一个大家庭，大多数新婚夫妇的新居离双方父母都很近，这形成了“网络化的家庭”（Davis，Harrell，1993；Unger，1993）。我调查的对象（N＝2188）中只有17%的受访者表示至少有一个老人与他们合住。新居使夫妻在处理对方父母问题上能够比较灵活。城市家庭中灵活的亲属关系使工作妇女有能力维持与她们父母的关系。一个初中生的父亲抱怨妻子给她父母的钱太多，妻子回答道：“我为什么不应该把我挣的钱给他们？你要庆幸我没有把我所有的工资一分不留地都给他们！”

当父母中有一方去世或丧失自理能力时，父母通常会住到一个孩子的家里。住在哪个孩子家并不取决于孩子的性别，而是依孩子的人际关系和每个孩子能腾出的时间和房子的空间而定。在很多家庭中，年迈父母辗转于几个孩子之间，在每个儿子或女儿家住上几个星期或几个月。不管儿子还是女儿，成年子女都会倾尽物力、财力、精力照顾和陪伴父母。大多数学生的母亲在经济上支持和照顾她们年迈的父母（也经常得到丈夫的支持），大多数学生的母亲每年给她们逝去的公婆做祭祀仪式后也会祭祀她们自己逝去的父母，有些女儿也从逝去的父母处继承财产、房产等。我的访问对象（N =2187）中有12%的家长在采访时正在与一个或两个父系亲属合住，5%（N =2188）的家长正与一个或两个母系亲属合住。由于我的学生的母亲成功地把资源回馈到父母处，他们（她们）的家庭也接受了女儿能和儿子一样赡养父母的观点。

我的学生的母亲也不能完全抹去父系社会的一些偏见。因为社会中女性的所得比男性要少，她们也可能比她们的兄弟们给予父母的要少。这在20世纪90年代特别明显，那时的经济改革带来的下岗和提早退休都不均匀地指向了女性。根据调查，学生母亲（N = 2190）中的25%和父亲（N =2190）中的12%都在那时下岗或提早退休了。失业的父亲或母亲不得不减少对自己父母的经济支持，只能让更富裕的兄弟姐妹们接济。因为大多数男性比女性收入高，那些更富裕的家人一般也都是自己的兄弟而非姐妹。即便如此，我的学生的母亲至少已经证明女儿也能给自己的父母提供经济支持。这也使女生的父母相信自己的女儿也有相同的能力，特别是这个时代的机遇给她们提供了充分发展的条件。

（二）性别潜规则策略

培育女儿来执行通常由儿子来履行的家族职责在新中国成立前偶尔也有过（Jordan，1972：91 – 92；Pasternak，1985；Rofel，1999：80 – 94）。木兰因家中无合适男丁而代父从军的传说广泛地宣传了这种策略的合理性。作为最后的无奈之举，“姑娘当儿子养”的策略在中国传统文化的主流模式或研究文化模式的学者中影响寥寥，而在计划生育政策实施后广受关注，并且在我的学生的家庭中有一半的家庭都把它视为必要之举。

父母的爱、希望和养老的期待都集中在唯一的孩子身上，这使他们不顾孩子的性别去创造条件使孩子获得成功和幸福。在一个长期以来对女性不利的性别潜意识起作用的社会，女性要获得成功和幸福，不仅对女儿也对父母提出了额外的挑战。为了面对这个挑战，她们采用了服从和抵抗并举的策略。

性别潜规则通过婚姻和就业为家境不佳、学业平平的女性提供了“向上爬”的机会。女性家庭职责带来的额外负担、男性占据精英行业的性别潜规则、优秀的丈夫和高攀丈夫的妻子都是女性冲不破的玻璃屋顶。同时，与高层结亲的婚姻、学业一般的女性更受青睐的性别潜规则、服务行业和轻工业部门迅速膨胀的女性工作市场也是女性所能享受的玻璃地面的保护，这种保护也使女性不至于坠入社会的底层，陷入贫困、犯罪和失业的困境。男性则既没有玻璃屋顶的障碍也没有玻璃地面的保护。然而，精英男士比他们的精英女同事更容易升至社会的高层，非精英男士则比其女同事更容易坠入社会的底层。

我的学生经常和父母谈起人们对男人和女人的社会期望问题。然而，她们对在多大程度上人们的行为与这种期望相符并不感兴趣，她们关注的是在一些情形下，忽视、行使、改变或遵照某些期望所付出的代价及由此获得的收益。我把这些期望理解为“性别潜规则”。虽然是潜规则，但人们还是认识到了它们的存在，开始谈论甚至挑战这些共识。这可以与皮埃尔·布尔迪厄（Pierre Bourdieu，1977：169）所说的“正统观念”相提并论，“正统观念”指“人们对自然和社会普遍接受的想法和说法，而把异端的说法当成对上帝的亵渎”，布尔迪厄把“共识”定义为“无须言说、不证自明、毋庸置疑的天然秩序”（Pierre Bourdieu，1977：166），而将“正统观念”定义为与异端邪说相反的说法，这样也凸显了其霸道性。

朱迪丝·布特勒（Judith Butler，1990：148）提议女权主义的任务是“通过彻底的性别角色的颠覆来替代无意识重复的现行性别规则”。布特勒认为通过拙劣地模仿、上演她们摒弃或谴责的性别潜规则，人们就能从这些规则的束缚中把自己和他人解放出来。独生女有父母完全的支持，因而有前所未有的自由卷入这场游戏。然而与此同时，她们的自由又被束缚在由阶级和性别不平等所建构的社会经济结构中。当很多精英女性有办法选择如布特勒所说的完全的自由时，我的大多数非精英学生和她们的父母发现她们必须选择战斗，因此，她们并未试图消除所有的性别共识。她们仅仅试图消除很可能危及她们自身利益的共识，比如那些把女儿刻画成不如男孩有投资价值、不如男孩孝顺的偏见。同时，她们又与能给自己带来利益的性别共识保持一致，比如把女性刻画成更耐心、更细心形象的共识。独生女寻求的是快乐和成功，而不是自由本身。虽然之前的女性也能追求快乐和成功，然而计划生育政策后的女孩比以往更能得到家庭的支持。

（三）教育和工作

不论儿子还是女儿，父母都把学业和事业上的成功当作决定孩子（也是父母自己）未来幸福的关键。和儿子一样，女儿也是父母未来的希望。我从没听过大连的家长希望自己的女儿长大后成为家庭主妇的想法。即使有条件依赖丈夫的收入生活，妻子也不愿放弃自己的工作收入。

意识到性别潜规则的女学生比男学生更勤奋、更听话，在学业上也表现得更成功。然而在以前的几代女性中，勤奋学习却不是很有用，因为父母不愿意把钱花在女儿的教育上，甚至让女儿辍学去工作，以资助哥哥、弟弟读书（Greenhalgh，1985b，1994b；Lan，Fong，1999；Wolf，1968，1972）。然而，家长非常鼓励没有兄弟的独生女充分挖掘自己的才能，因为她是父母唯一的投资目标和唯一的养老希望。

在英国、加拿大、美国、比利时、摩洛哥和阿尔及利亚的教育体系中，少数民族女孩一般比男孩学习成绩要好，因为男孩更倾向叛逆而违反学校纪律（学校纪律被等同于种族压迫者的手段）（Gibson，1997）。虽然大连的某些贫困女孩不属于少数民族，却表现出类似的现象。在我调研的学校中，女孩的总分普遍比男孩要高［按性别和学校分类的独生子女受访者的平均百分位数为：8、9 年级的女生（N = 361）为第 57 位，8、9 年级的男生（N = 325）为第 42 位；大学预科班 10 ~ 12 年级的女生（N = 262）为第 54 位，大学预科班 10 ~ 12 年级的男生（N = 201）为第 44 位。百分位数的排行是基于与 2000 年各年级段所有学生的期末考试成绩的比较而得出的。最好的可能的百分位排名为 100，最差的可能的百分位排名为 1］。然而这点优势随着重点高中强调男孩专长的理科而忽视女孩专长的文科也被抹杀了。高中入学考试中，理工科目多于文科科目，而大学招收的理工科学生数量又多于文科学生。这些因素构成了在高等教育上对女生的歧视，而在初等教育上大多数学生都能找到自己合理的定位。

性别潜规则决定着大连就业市场的结构，但不总是有利于男性而不利于女性。年轻而学业一般，从穷苦家庭出来的女性比年长的精英女性和学业很差的男性更受就业市场的欢迎。

对大多数轻工业和服务部门的工作来说，有些典型的女性特征能非常理想地满足工作要求。而典型的男性特征只适合正在萎缩的重工业部门和只对很小部分群体开放的精英阶层职业。这意味着精英阶层女性得到高层职位的机会不如男同事多，然而非精英女性，比起男同事来说，却更能避免遭遇失业，因此女生多被建议从事在就业市场上更适合女性的工作，而忽视那些把她们从精英职业工作中拒之门外的职位。

在很多声望高且薪酬高的职业中，女性所占比例很小，部分由于女性被她们的“第二趟班”家务活拖住了后腿，部分也由于很多雇主觉得女性没有足够的勇气和创造力来做精英工作。有研究表明近年来中国社会加剧了对女性特别是对中年女性和精英女性的歧视（Croll，1995；Honig，Hershatter，1988；Hooper，1998；Kerr et al.，1996；Summerfield，1994）。然而我发现经济改革对于大多数教育背景和家庭背景处于中等水平甚至低于中等水平的年轻人来说，情况更复杂。经济改革为年轻女性创造了服务行业和轻工业上的工作机会。外表上的吸引力和典型的女性特征能弥补女性教育和家庭关系背景的不足，但无权无势的父母膝下学习表现不好的儿子没能这样幸运。

认识到中端就业市场对女性工作者的更大需求，教育系统允许高中阶段女生多于男生。大连教育局公布的1999年大连初中毕业生的资料显示更多的教育机会给了女生。在技术教育学校层面（第六等），有1346个名额是面向男女学生的，4492个名额是留给女生的，只有4301个名额是留给男生的。在职业教育学校层面（第五等），有2949个名额面向男女学生，5189个名额留给女生，只有3849个名额留给男生。20世纪90年代，有几所女子私立大学预备学校（第三等）在大连创立，却没有男子学校。在我所调研的一般大学预备学校中，52%的学生（N=781）是女生，48%的学生是男生。据教师、学生和教育官员所说，只有少数的重点大学预备学校（第一等）中的男生多于女生。20世纪90年代在上海（一个政治经济地位与大连相似的东部港口城市）的研究表明，上海的未婚女青年的收入超过了未婚男青年的收入（Wang Zheng，2000：75）。我调查的大部分男孩子和1/4的女孩子的样本表明女生比男生更容易找到工作［调查的问题：“找工作时对谁而言更困难——男性还是女性？”女生（N=1181）中的33%认为是“女性”，26%认为是“男性”，而41%则认为“没什么差别”。男生（N=788）中的16%认为是“女性”，53%认为是“男性”，而

32%则认为“没什么差别”]。

根据在法国和卡拜利亚得到的资料，Bourdieu（2001：91）提出，由于男权主导的符号权力模式，“无论在工作中还是在教育中，女性所做出的进步不应该掩盖男人所做出的相应的努力，所以，就像在让分比赛中一样，差距格局始终存在”。我也发现男性地位和女性地位之间的差距在我的学生一代中比父母一代和祖父母一代中要小很多。虽然这一代独生女仍然得面对如布尔迪厄所描述的男性主导符号结构的玻璃屋顶，但她们受到的父母偏见并不会如她们的母亲或祖母那么大。这种劣势的消除使这一代独生女能充分利用她们的玻璃地面，而且在某些情况下延伸了玻璃屋顶的界限。

（四）婚姻

很多父母告诉我女孩比男孩更幸运，因为女孩有更多“向上爬”的机会。家庭背景、事业成功和教育经历对男性和女性都是重要的择偶标准（虽然在20世纪90年代的中国城市，结婚对象的选择对年轻人而言很重要，但是浪漫的恋爱有时仍能比社会经济地位显得更加重要），但缺乏这些条件的女性可以通过惹人喜爱的性格、美丽的外表和理家的能力来弥补。当然，男性也可以利用这些来弥补，但不如女性那么普遍。

在计划生育政策下的婚姻市场中，女性有更多的优势。长期以来结婚的房子都得由新郎来提供。是否能满足这个要求也是一个男人能否迎娶回一位新娘的重要决定性因素。这样，儿子在婚前，必须和父母把房子买好，或租好，或借好。女儿和其父母可以选择提供或为买房付出一点额外的补贴来提高女儿的舒适度，然而却不是必须。独生女及其父母把这一点看作优势而非女儿不如儿子珍贵的标志。独生子女不用争夺父母的投资或遗产，只需决定以何种方式来转移财产。与男孩的父母不同，女孩的父母可以把所有的积蓄都花在女孩的教育上，而男孩的父母还得积攒一部分钱以用来购买婚房。必须购买婚房以吸引配偶是男孩和其父母的劣势。这种劣势在1997年房改之后显得更为突出，房改后，工作单位把之前分配给工人居住、租金很低的房屋投入房地产市场。

一个职业高中的学生说：

父母给了我一个选择。要么用他们的积蓄送我去大学预科学校念书，要么把这笔钱用来给我买一个房子，这样我以后娶媳妇的时候就有房子了。我不喜欢读书，也不觉得上了大学预科学校就可以进入大学了，所以我选了房子。

在大连，女子更喜欢嫁一个比自己地位高的男子，而男子倾向于娶一个地位相当的女子。这样，女子就可以通过高攀婚姻而“向上爬”，男子经常被迫在做永远的单身汉和娶一个地位比自己低的女子之间做出选择。高攀婚姻虽然会引起丈夫和妻子之间的不平等，却在某种意义上更受女性的青睐。与女性不同，男性很少通过婚姻来获取“向上爬”的资源。由于低离婚率、父母和学校都禁止青少年恋爱、法律和社会对婚外孕的禁止以及对婚前性行为严格控制，相比高单身母亲率的社会，大连的女性贫困率很低——我的大部分学生生活在双亲家庭中。在我的调查受访者中，91%（N =2188）的学生表明和父母双亲一起生活。非婚生子是非法和败坏名声的。这在大连基本绝迹。大部分未婚先孕的妇女会去堕胎。在1987年，估计大概少于1%的50岁范围内的妇女会保持单身（Zeng Yi，2000：93）。

女性对高攀婚姻的青睐使男性娶与自己相似社会经济地位的新娘很困难。我经常听男孩和其父母抱怨娶媳妇困难。这也部分归因于中国倾斜的性别比例（从实行计划生育政策开始中国性别比例失衡情况在持续发展）。根据1990年的中国人口普查，在1980年和1984年的男女出生比为1.083∶1（Coale，Banister，1994：461），这个阶段正是我的大部分学生出生的年代。根据1995年的中国人口抽样调查，1995年的男女出生比为1.17∶1（Li Yongping，Peng Xizhe，2000：71）。除此之外，年轻的大连男人也担心愿意嫁给他们的与他们地位相当的都市女孩会短缺。已经处于大连社会经济结构顶层的女孩希望找一个来自更富裕的城市或国外的更高地位的丈夫。找不到本地女孩结婚的大连男孩还可以从农村找新娘，农村的女孩也很愿意通过婚姻来取得城市居民的身份。然而，大多数城市男人觉得这是不可接受的。马修·科尔曼（Matthew Kohrman，1999）发现一个身患残疾的北京男人宁愿一辈子单身或娶一个残疾的都市女孩，也不愿意娶一个没有任何残疾的农村女孩，因为他觉得自己永远都不会对一个乡下女孩有“真爱”。我的一些男学生也告诉我说他们宁愿一辈子单身也不愿意娶一个农村的“土包子”。

（五）家庭角色的转变

在我学生的父母亲那一代，男性相比女性能赚更多的钱，拥有更好的工作并做更少的家务，而女性要比男性更多地承担家务，这也通常需要以牺牲她们自己的职业生涯为代价。参与调查的受访者的母亲绝大多数比他们的父亲做更多的家务［根据调查结果，做各种家务劳动的母亲和父亲的百分比为：94%的母亲（N＝2198）和41%的父亲（N＝2199）会清洁屋子；94%的母亲（N＝2195）和42%的父亲（N＝2196）会洗衣服；94%的母亲（N＝2196）和54%的父亲（N＝2194）会去买杂货；88%的母亲（N＝2194）和59%的父亲（N＝2194）会做饭］。我的学生的父亲辈比他们的爷爷辈更可能帮着做家务。大多数的爷爷辈人员告诉我他们一点家务都不做。在我教的一些学生的家里，丈夫比妻子做的家务多。这种现象尤其是在母亲比父亲工作或者赚钱更多的情况下更有可能发生。在与我愉快共处的一个家庭里，当家里的母亲与父亲都在朝九晚五地上班时，这位母亲包揽了所有家务。但当她租了一个水果摊，每周七天，每天从8：30到傍晚7：30卖水果时，家里的情况改变了。而且此时这位父亲的工厂逐渐增加了他的无薪假期直到最后让他下岗。突然间，她比他赚更多的钱，工作更长的时间。虽然她以自己是“贤妻良母”而自豪，但是她意识到她的时间比她丈夫的更有价值，因此要求他做更多的家务。他勉强答应了，而且从那时开始，每天晚上8点钟做好饭等她回家。

参与调查的受访者希望在他们自己的婚姻中家务活儿的分配能比他们父母亲的更加平均。这在他们回答“婚后他们准备做多少家务”的问题中得以体现［想要做各种家务的受访者的百分比为：25%的女生（N＝1159）和17%的男生（N＝839）想要比他们的配偶多做家务；63%的女生和48%的男生想要做一半的家务；12%的女生和35%的男生想要比他们的配偶少做家务］。表示自己愿意在婚后做至少一半家务的男性受访者的比例比指出自己父亲一点儿家务都不做的受访者的比例要高一些。表示自己愿意比丈夫多做家务的女性受访者的比例比指出她们母亲做家务比父亲多的受访者的比例要少很多。当我问那些表示自己愿意比妻子多做家务的男孩为什么选择那么回答时，一些人说为了赢得和保持住妻子的欢心，他们将不得不做很多家务，因为他们不太可能找到好工作或者买得起新房来维持婚姻。其他一些已经有女朋友的人则指出他们的女朋友在婚后不可能做很多家务。就像一位大学预科学校的学生所说："我的女朋友懒到了都不会去买她自己喜欢的零食，所以我得在午饭时间跑下楼到商店里去帮她买。我怎么还能期待她会和我公平地分担家务呢？"

男孩子和女孩子都认识到比起前几代人，他们这代人更希望在家务分配上能够更加男女平等。就像我的一个高中学生在她母亲（退休工人）问她如果不学做饭，以后结婚了她会做什么时回答道："我老公会做的！谁说女人就一定得做饭？"

五　结论

独生女所享受到的益处来自中国计划生育政策产生的人口模式特征而并非这种政策的本质。全球工业化、现代化和城市化的进程已经导致发达国家和大多数发展中国家的低生育率。这种进程可能早已使大连的出生率发生转变。与计划生育政策造成的转变相比，这种转变本可能发生得更慢，出现更多没有兄弟姐妹的独生女。不过，即使与只有一个哥哥或弟弟的女儿和有几个兄弟的女儿相比，其仍有可以享用更多的资源。

独生女在处理性别潜规则上更趋于拓展她们自己的兴趣。每一代人都尝试用性别潜规则来实现自己的期望（无论他们需要社会经济的成功还是与其父母亲维持很强的联系），但是在计划生育政策之前，中国女孩的发展曾被重男轻女的父系制度严重压制。相比之下，城市的独生女享受着前所未有的家庭支持来挑战对她们不利的性别潜规则，同时将这些潜规则变得有利于她们发展。

中国社会还是存在性别不平等现象，但是，由于父母亲的支持，没有兄弟的独生女有能力充分利用她们的玻璃地面保护自己，并突破玻璃屋顶的限制。而且这种支持是她们的母亲辈和祖母辈所不曾获取的。在不重男轻女的父母亲的支持下，女儿们可以违反对她们不利的性别潜规则，而且可以巧妙利用这些规则在教育系统中，在就业和婚姻市场上给自己带来优势和利益。独生子女的父母亲们只有在觉得他们的孩子处于性别潜规则的劣势而非优势时才会抱怨自己孩子的性别，因此丁娜父亲的那些抱怨可看作在特定场合采用的话语策略以规劝自己心爱的孩子勇于挑战对她不利的性别潜规则。

不过，在得知女儿优异的高考成绩之后，丁娜的父亲在她犯错时仍然继续说他想要个儿子。父亲一直都在担忧她的前途，不断地要求她在学业上取得成功，同时担心她将来仍不能找到一份好工作，尤其是因为她选择了计算机编程专业。这个专业向来都被认为对女生很难。但是，丁娜能够从容地应对父亲的批评。"他批评我只不过是想让我做得更好。"丁娜如此告诉我。的确，我注意到丁娜父亲会在丁娜在场的时候批评她，但在她不在场的时候，他会说自己很高兴能有这么一个好女儿。

当丁娜离家去上大学时，我和她的父母亲及她的一个叔叔一起吃饭。她叔叔的女儿还在高中念书。丁娜父亲的弟弟谈到他很担忧自己的女儿在理科上将不会很成功，因为"理科对女生更难"，丁娜的父亲则以"在古代有花木兰，在当代有红色娘子军"来安慰大家，然后他举起装有啤酒的玻璃杯祝酒道："未来就看我们女儿的了。"

参考文献

[1] Abadian, Sousan (1996), "Women's Autonomy and Its Impact on Fertility," *World Development*, 24 (12): 1793 - 1809.

[2] Aird, John S. (1990), *Slaughter of the Innocents: Coercive Birth Control in China* (Washington, D. C.: AEI Press).

[3] Anagnost, Ann (1988), "Family Violence and Magical Violence: The 'Woman-as-Victim' in China's One-Child Family Policy," *Women and Language*, 1 (2): 16 - 22.

[4] Anagnost, Ann (1995), "A Surfeit of Bodies: Population and the Rationality of the State in Post-Mao China," in F. D. Ginsburg, R. Rapp, eds., *Conceiving the New World Order: The Global Politics of Reproduction* (Berkeley: University of California Press): 22 - 41.

[5] Andors, Phyllis (1983), *The Unfinished Liberation of Chinese Women, 1949 - 1980* (Bloomington: Indiana University Press).

[6] Aries, Philippe (1996), *Centuries of Childhood* (London: Pimlico).

[7] Arnold, Fred, Liu Zhaoxiang (1986), "Sex Preference, Fertility, and Family Planning in China," *Population and Development Review*, 12 (2): 221 - 246.

[8] Balk, Deborah (1997), "Defying Gender Norms in Rural Bangladesh: A Social Demographic Analysis," *Population Studies*, 51 (2): 153 - 172.

[9] Bourdieu, Pierre (2001), *Masculine Domination* (Stanford: Stanford University Press).

[10] Bourdieu, Pierre (1977), *Outline of a Theory of Practice* (Cambridge: Cambridge University Press).

[11] Burggraf, Shirley P. (1997), *The Feminine Economy and Economic Man: Reviving the Role of Family in the Post-Industrial Age Reading* (MA: Addison-Wesley).

[12] Butler, Judith P. (1990), *Gender Trouble: Feminism and the Subversion of Identity* (New York: Routledge).

[13] China Population Information and Research Center (2001), *Major Figures of the 2000 Population Census*, National Bureau of Statistics, People's Republic of China.

[14] Chu, Henry (2001), "India Joins China as Member of the Billion-Population Club," *Los Angeles Times*, 29: 9.

[15] Coale, Ansley J., Chen Shengli (1987), *Basic Data on Fertility in the Provinces of China, 1940 - 82* (Honolulu: The East-West Population Institute).

[16] Coale, Ansley J., Judith Banister (1994), "Five Decades of Missing Females in China," *Demography*, 31 (3): 459 - 479.

[17] Collier, Jane Fishburne, Sylvia Junko Yanagisako (1987), *Gender and Kinship: Essays toward a Unified Analysis* (Stanford: Stanford University Press).

[18] Croll, Elisabeth J. (1995), *Changing Identities of Chinese Women: Rhetoric, Experience, And Self-Perception in Twentieth-Century China* (Hong Kong: Hong Kong University Press).

[19] Dalian Shi Jiao Yu Zhi Bian Zuan Ban Gong Shi (1999), *Dalian Jiaoyu Yaolan* 1997 - 1998 (*A Survey of Dalian Education* 1997 - 1998) (Dalian: Dalian Shi Jiao Yu Zhi Bian Zuan Ban Gong Shi, Dalian City Education Records Compilation Office).

[20] Davis, Deborah, Stevan Harrell (1993), "Introduction: The Impact of Post-Mao Reforms on Family Life," in D. Davis, S. Harrell, eds., *Chinese Families in the Post-Mao Era* (Berkeley: University of California Press): 1 - 24.

[21] Davis, Kingsley (1986), "Wives and Work: The Sex Role Revolution and Its Consequences," *Population and Development Review*, 10 (3): 397 - 418.

[22] Dharmalingam, A., S. Philip Morgan (1996), "Women's Work, Autonomy and Birth Control: Evidence from Two South Indian Villages," *Population Studies*, 50 (2): 187 - 202.

[23] Essock-Vitale, Susan M., Michael T. McGuire (1988), "What 70 Million Years Hath

Wrought: Sexual Histories and Reproductive Success of a Random Sample of American Women," in L. L. Betzig, M. B. Mulder, P. Turke, eds., *Human Reproductive Behaviour: A Darwinian Perspective* (Cambridge: Cambridge University Press): 221 - 235.

[24] Felmlee, Diane H. (1993), "The Dynamic Interdependence of Women's Employment and Fertility," *Social Science Research*, 22 (4): 333 - 360.

[25] Gates, Hill (1993), "Cultural Support for Birth Limitation among Urban Capital-Owning Women," in D. Davis, S. Harrell, eds., *Chinese Families in the Post-Mao Era* (Berkeley: University of California Press): 251 - 274.

[26] Gerson, Kathleen (1985), *Hard Choices: How Women Decide about Work, Career, and Motherhood* (Berkeley: University of California Press).

[27] Gibson, Margaret (1997), "Complicating the Immigrant/Involuntary Minority Typology," *Anthropology and Education Quarterly*, 28 (3): 431 - 454.

[28] Goldman, Wendy Z. (1993), *Women, the State and Revolution* (Cambridge: Cambridge University Press).

[29] Greenhalgh, Susan (2001), "Fresh Winds in Beijing: Chinese Feminists Speak out on the One-Child Policy and Women's Lives," *Signs*, 26 (3): 847 - 886.

[30] Greenhalgh, Susan (1985a), "Is Inequality Demographically Induced? The Family Cycle and the Distribution of Income in Taiwan," *American Anthropologist*, 87 (3): 571 - 594.

[31] Greenhalgh, Susan (1985b), "Sexual Stratification: The Other Side of 'Growth with Equity'," *Population and Development Review*, 11: 265 - 314.

[32] Greenhalgh, Susan (1990), "The Evolution of the One-Child Policy in Shaanxi, 1979 - 88," *The China Quarterly*, 122: 191 - 229.

[33] Greenhalgh, Susan (1994a), "Controlling Births and Bodies in Village China," *American Ethnologist*, 21 (1): 3 - 30.

[34] Greenhalgh, Susan (1994b), "De-Orientalizing the Chinese Family Firm," *American Ethnologist*, 21 (4): 746 - 775.

[35] Greenhalgh, Susan, Jiali Li (1995), "Engendering Reproductive Policy and Practice in Peasant China: For a Feminist Demography of Reproduction," *Signs*, 20 (3): 601 - 642.

[36] Greenhalgh, Susan, Li Nan, Zhu Chuzhu (1994), "Restraining Population Growth in Three Chinese Villages, 1988 - 93," *Population and Development Review*, 20 (2): 365 - 396.

[37] Handwerker, W. Penn (1986), "Modern Demographic Transition: An Analysis of Subsis-

tence Choices and Reproductive Consequences," *American Anthropologist*, 88 (2).

[38] Harrell, Stevan (1982), *Plough Share Village: Culture and Context in Taiwan* (Seattle: University of Washington Press).

[39] Hochschild, Arlie Russell, Anne Machung (1989), *The Second Shift: Working Parents and the Revolution at Home* (New York: Viking).

[40] Honig, Emily, Gail Hershatter (1988), *Personal Voices: Chinese Women in the 1980s* (Stanford: Stanford University Press).

[41] Hooper, Beverley (1998), " 'Flower Vase and Housewife': Women and Consumerism in Post-Mao China," in K. Sen, M. Stivens, eds, *Gender and Power in Affluent Asia* (New York: Routledge): 167 - 193.

[42] Jaschok, Maria, Suzanne Miers (1994), *Women and Chinese Patriarchy: Submission, Servitude and Escape* (Hong Kong: Hong Kong University Press).

[43] Johnson, Kay (1996), "Politics of the Revival of Infant Abandonment in China, with Special Reference to Hunan," *Population and Development Review*, 22 (1): 77 - 98.

[44] Jordan, David K. (1972), *Gods, Ghosts, and Ancestors: The Folk Religion of a Taiwanese Village* (Berkeley: University of California Press).

[45] Kaufman, Joan (1993), "The Cost of IUD Failure in China," *Studies in Family Planning*, 24 (3): 194 - 196.

[46] Kerr, Joanna, Julie Delahanty, Kate Humpage (1996), *Gender and Jobs in China's New Economy* (Ottawa: North-South Institute).

[47] Keyfitz, Nathan (1986), "The Family That Does Not Reproduce Itself," *Population and Development Review*, 12: 139 - 154.

[48] Kishor, Sunita (1993), " 'May God Give Sons to All': Gender and Child Mortality in India," *American Sociological Review*, 58 (2): 247 - 265.

[49] Knodel, John, Napaporn Havanon, Anthony Pramualratana (1984), "Fertility Transition in Thailand: A Qualitative Analysis," *Population and Development Review*, 10 (2): 297 - 328.

[50] Kohrman, Matthew (1999), "Grooming Que Zi: Marriage Exclusion and Identity Formation among Disabled Men in Contemporary China," *American Ethnologist*, 26 (4): 890 - 909.

[51] Lan, Hua R., Vanessa L. Fong (1999), *Women in Republican China: A Source Book, Armonk* (NY: M. E. Sharpe).

[52] LeVine, Robert A., Sarah E. LeVine, Amy Richman, F. Medardo Tapia Uribe, Clara Sunderland Correa, Patrice M. Miller (1991), "Women's Schooling and Child Care in the Demographic Transition: A Mexican Case Study," *Population and Develop-*

ment Review, 17 (3): 459 - 496.

[53] Liu Zheng (1981), "Population Planning and Demographic Theory," in Liu Zheng, Song Jian, eds, *China's Population: Problems and Prospects* (Beijing: New World Press).

[54] Li Yongping, Peng Xizhe (2000), "Age and Sex Structures," in Peng Xizhe, Guo Zhigang, eds., *The Changing Population of China* (Oxford: Blackwell Publishers): 64 - 76.

[55] Luo Genze (1996), *Yue Fu Wen Xue Shi* (*The History of Yuefu Literature*) (Beijing: Dong Fang Chu Ban She).

[56] MacCormack, Carol, Marilyn Strathern (1980), *Nature, Culture, and Gender* (Cambridge: Cambridge University Press).

[57] Milwertz, Cecilia Nathansen (1997), Accepting Population Control: Urban Chinese Women and the One-Child Family Policy (Richmond: Curzon).

[58] Molyneux, Maxine (1985), "Family Reform in Socialist States," *Feminist Review*, 21: 47 - 66.

[59] Mosher, Steven W. (1993), *A Mother's Ordeal: One Woman's Fight against China's One-Child Policy* (New York: Harcourt Brace Jovanovich).

[60] Murthi, Mamta, Anne-Catherine Guio, Jean Dreze (1995), "Mortality, Fertility, and Gender Bias in India: A District Level Analysis," *Population and Development Review*, 21 (4): 745 - 782.

[61] Oshima, Harry T. (1983), "The Industrial and Demographic Transitions in East Asia," *Population and Development Review*, 9 (4): 583 - 607.

[62] Pasternak, Burton (1985), "On the Causes and Demographic Consequences of Uxorilocal Marriage in China," in S. B. Hanley, A. P. Wolf, eds., *Family and Population in East Asian History* (Stanford: Stanford University Press): 309 - 334.

[63] Peng Xizhe (1991), *Demographic Transition in China: Fertility Trends since the 1950s* (Oxford: Clarendon Press).

[64] Randall, Margaret (1992), *Gathering Rage: The Failure of Twentieth Century Revolutions to Develop a Feminist Agenda* (New York: Monthly Review Press).

[65] Rofel, Lisa (1999), *Other Modernities: Gendered Yearnings in China after Socialism* (Berkeley: University of California Press).

[66] Rosaldo, Michelle Z. (1980), "Use and Abuse of Anthropology: Reflections on Feminism and Cross-Cultural Understanding," *Signs*, 5 (3): 389 - 417.

[67] Rosaldo, Michelle Zimbalist (1974), "Woman, Culture, and Society: A Theoretical Overview," in M. Z. Rosaldo, J. Bamberger, L. Lamphere, eds., *Woman, Culture, and Society* (Stanford: Stanford University Press): 17 - 42.

[68] Rosenweig, Mark, T. Paul Schultz (1982), "Market Opportunities, Genetic Endowments, and Intra-Family Resource Distribution: Child Survival in Rural India," *American Economic Review*, 72: 803 - 815.

[69] Salaff, Janet W. (1995), *Working Daughters of Hong Kong: Filial Piety or Power in the Family?* (New York: Columbia University Press).

[70] Sander, William (1990), "More on the Determinants of the Fertility Transition," *Social Biology*, 37 (1 - 2): 52 - 58.

[71] Sathar, Zeba A. (1988), "Women's Status and Fertility Change in Pakistan," *Population and Development Review*, 14 (3): 415 - 432.

[72] Stacey, Judith (1983), *Patriarchy and Socialist Revolution in China* (Berkeley: University of California Press).

[73] Stafford, Charles (1995), *The Roads of Chinese Childhood: Learning and Identification in Angang* (Cambridge: Cambridge University Press).

[74] Steil, Janice M. (1995), "Supermoms and Second Shifts: Marital Inequality in the 1990s," in J. Freeman, ed., *Women: A Feminist Perspective* (Mountain View, CA: Mayfield Publishing): 149 - 161.

[75] Stockman, Norman, Norman Bonney, Sheng Xuewen (1995), *Women's Work in East and West: The Dual Burden of Employment and Family Life* (NY: M. E. Sharpe).

[76] Summerfield, Gale (1994), "Effects of the Changing Employment Situation on Urban Chinese Women," *Review of Social Economy*, 52 (1): 40 - 59.

[77] Unger, Jonathan (1993), "Urban Families in the Eighties: An Analysis of Chinese Surveys," in D. Davis, S. Harrell, eds., *Chinese Families in the Post-Mao Era* (Berkeley: University of California Press): 25 - 49.

[78] Wang Zheng (2000), "Gender, Employment and Women's Resistance," in E. J. Perry, M. Selden, eds., *Chinese Society: Change, Conflict and Resistance* (London: Routledge): 62 - 82.

[79] Watson, Rubie S. (1986), "The Named and the Nameless: Gender and Person in Chinese Society," *American Ethnologist*, 13 (4): 619 - 631.

[80] Watson, Rubie S. (1996), "Chinese Bridal Laments: The Claims of a Dutiful Daughter," in B. Yung, E. S. Rawski, R. S. Watson, eds., *Harmony and Counter Point: Ritual Music in Chinese Context* (Stanford: Stanford University Press): 107 - 129.

[81] Weinberg, Martin S. (1976), *Sex Research: Studies from the Kinsey Institute* (New York: Oxford University Press).

[82] White, Tyrene (2000), "Domination, Resistance and Accommodation in China's

One-Child Campaign," in E. J. Perry, M. Selden, eds., *Chinese Society: Change, Conflict and Resistance* (London: Routledge): 102 - 119.

[83] White, Tyrene (1987), "Implementing the 'One-Child-Per-Couple' Population Program in Rural China: National Goals and Local Politics," in *Policy Implementation in Post-Mao China* (Berkeley: University of California Press): 157 - 189.

[84] White, Tyrene (1994), "The Origins of China's Birth Planning Policy," in C. Gilmartin, G. Hershatter, L. Rofel, T. White, eds., *Engendering China: Women, Culture, and the State* (Cambridge, MA: Harvard University Press): 250 - 278.

[85] Whyte, Martin King, S. Z. Gu (1987), "Popular Response to China's Fertility Transition," *Population and Development Review*, 13 (3): 471 - 493.

[86] Wolf, Margery (1968), *The House of Lim: A Study of a Chinese Farm Family*, *Engle Wood Cliffs* (NJ: Prentice Hall).

[87] Wolf, Margery (1972), *Women and the Family in Rural Taiwan* (Stanford: Stanford University Press).

[88] Wolf, Margery (1985), *Revolution Postponed: Women in Contemporary China* (Stanford: Stanford University Press).

[89] Zeng Yi (2000), "Marriage Patterns in Contemporary China," in Peng Xizhe, Guo Zhigang, eds., *The Changing Population of China* (Oxford: Blackwell Publishers): 91 - 100.

[90] Zeng Yi, Tu Ping, Gu Baochang, Xu Yi, Li Bohua, Li Yongping (1993), "Causes and Implications of the Recent Increase in the Reported Sex Ratio at Birth in China," *Population and Development Review*, 19 (2): 283 - 302.

“男性偏见”与发展实践中的性别问题*

潘天舒**

【摘要】本文借鉴发展人类学和女权主义社会学的洞见，以期在考察性别与发展问题的过程中，获得来自日常社会生活的跨文化和跨地域的比较视角，领悟在学术讨论中实证基础和经验性知识积累的重要意义，从而有意识地消除各类精英话语对妇女与发展研究的影响。

【关键词】“男性偏见”；发展实践；性别平等

一 问题的提出

迄今为止有关经济发展的经典理论对于女性的作用几乎不着一字。而无数民族志和社会学案例显示，各色人种、族裔各异的妇女在全球商业和经济活动中正扮演着毋庸置疑的关键角色。本文力图借鉴来自发展人类学和女权主义社会学的洞见，以期在考察性别与发展问题的过程中，获得来自日常社会生活的一个跨文化和跨地域的比较视角，领悟在学术讨论中实证基础和经验性知识积累的重要意义，从而有意识地消除各类精英话语对于妇女与发展研究的影响。在本文的语境中，“精英话语”主要分为两类：首先是来自传统上为男性权威学者主宰的经济和政治学领域的理论假设；其次是脱离实际的“欧美中心”的女权主义话语。笔者认为，尽管从表面上看这是两套南辕北辙的学术话语系统，代表着截然不同的意识形态，然而，两者都有同样的

* 本文原载于《广西民族大学学报》（哲学社会科学版）2009 年第 6 期，收入本书时有修改。

** 潘天舒，美国哈佛大学人类学博士，复旦大学社会发展与公共政策学院副教授，主要研究方向：发展人类学、文化人类学与社会医学实践、商业和技术人类学。

致命弱点。因为它们无法令人信服地从被研究对象的角度出发，来回答对于任何人类学者可以说是最基本的一个问题，即作为个体的普通农村女性在不同的历史和社会条件下，是如何采取策略来应对经济转型给自己的家庭和自身所带来的挑战，还是屈从于旧俗陈规，甘心扮演传统意义上的弱者角色？本文将以发展人类学视角中的"男性偏见"和"世界工厂"中的打工妹问题作为主要案例，为上述问题注入立足于田野研究的思考和诠释。

在理论上，任何社会形态中的男女都可从事同样的经济活动。而跨文化研究则显示男女在绝大多数情况之下按照所谓性别分工的模式，从事不同的工作和职业（Murdock，Provost，1973）。一般来说，对于性别分工模式有以下四种传统解释。第一种认为"男人渔猎、女人采摘"的生产模式是由两性不同的生理能力决定的（Murdock，Provost，1973）；第二种则强调生儿育女对于性别分工的影响（由于哺育婴孩妇女有必要从事可以间断的和危险性较小的生产活动）（Brown，1970）；第三种认为由某一性别自始至终从事某一经济活动，具有多快好省的合理性（White et al.，1977）；第四种认为妇女的生育潜力受到客观的人数限制，故由男人从事危险性活动是一种优化选择（Mukhopadhyay，Higgins，1988）。这些解释乍看起来完全符合常识，十分可信。我们必须看到男女分工的不同多是基于对性别差异的假设判断，而不是对从事某一工作所需体力进行测试的结果。然而正是这种假设成了发展实践中"男性偏见"的科学依据。

田野研究"参与观察法"之父马林诺夫斯基在传世名作《西太平洋的航海者》（Malinowski，1961）一书中，记述了日后成为经济人类学经典案例的库拉交易活动。马林诺夫斯基对库拉交易圈这一将数个岛屿紧密相连的复杂网络，进行了生动的描述和精彩的分析。在库拉圈中，来自不同岛屿的男子交换包括食品和被当地人极为珍视的贝壳和臂饰，从而建立起有别于商品经济社会中以市场机制为特征的人际纽带。半个多世纪之后，人类学者怀娜（Weiner）重返马林诺夫斯基当年进行田野研究的特布里安群岛，对岛上妇女的活动和交易模式进行田野考察，并写成《女人有价，男人有名》（Weiner，1976）一书。在此书中，怀娜勾勒了被马林诺夫斯基完全忽略了的由女性主导的一个生产、交换和社会网络的地方文化景观。根据马林诺夫斯基的田野记述，岛上的男子交换贝壳、番薯和生猪。而怀娜却发现，岛上的经济活动还应加入妇女交换芭蕉叶和制作精致的草裙，才能真正还原实地生活图景。

尽管在马林诺夫斯基留下的照片和笔记中，有足够的证据表明在他的田野研究期间妇女们就有交换被她们视为财富的芭蕉叶的习俗，而在他正式发表的论著中，却找不到任何记录。直至近半个世纪之后，怀娜才重新“发现”了这一妇女经济活动传统。现在看来马林诺夫斯基对妇女间如此活跃的交易活动竟然熟视无睹或者说视而不见，主要是出于下列缘由。首先是马林诺夫斯基显然认为芭蕉叶不具备消费物品的一般特征，因为在他眼里，只有能够满足人的生存需求的活动才是“经济性”的（而芭蕉叶不能当饭吃）。其次是马林诺夫斯基压根就没有把妇女看作经济活动中不可或缺的角色。

包括马林诺夫斯基在内的早期人类学和社会学田野研究者的“重男轻女”现象，为后来者发现并得到逐步纠正。这也使应用人类学家在从事协助发展中国家妇女脱贫致富方面，具有独特的学科视角和历史洞见。自20世纪70年代以来，在世界银行等国际组织崭露头角的发展人类学家发现：在各类经济发展项目的实施过程中，都不同程度地存在向男性倾斜这一致命弱点（Boserup，1970；Tinker，1976）。在进行项目效益评估时，他们注意到以男性为目标受惠人群的做法，使项目在实施过程中，与女性人群几乎擦肩而过，使她们失去了学习种植经济作物和掌握其他农业新技术的宝贵机遇。这一被发展人类学家认定为“发展过程中的男性偏见”的倾向，进一步加重了原已存在的男女不平等现象。在项目实施地男性居民获得新的收入来源之时，妇女在当地经济活动中的传统角色却被不断削弱。

国际组织早先派遣的那些发展专家通常以男性经济学家和工程技术人员为主。在他们的想象中，从事农业活动的劳动者，理所当然地应以男性为主，以女性为辅。因而这些专家以闭门造车的方法为妇女量身定做的发展项目，也就以家庭和邻里为主要着眼点。例如，以妇女为援助对象的项目设计，常常局限于诸如婴儿喂养模式、育儿和计划生育等老生常谈的议题。在发展实践中，这些过于强调符合女性生理与心理特性和迎合其家庭角色的做法，其实强化了在许多发展中国家普遍存在的“妇女家务化”趋势（Rogers，1979）。这一被称为“发展过程中的男性偏见”，不但将妇女这一生力军排除在外，也使发展项目的失败率大大提高。

如何在实践中摆脱这一男性中心主义倾向？最好的办法就是忠实记录

妇女对农业生产所做的实实在在的贡献。波色洛普（Boserup，1970）出版的《经济发展中的女性角色》一书指出，在撒哈拉以南的非洲各国、加勒比海地区和东南亚部分地区，妇女是主要的田间生产者和农业劳动力。而且，农业模式越复杂，田间劳动时间就会延长，妇女所做的贡献也就越大。当男性劳动力外出打工之后，女性便完全成为农业生产的主力军。在中国的一些民工流出地，妇女既要下地干活，又要承担家务，成了名副其实的多面手。

值得注意的是，即便是身为女性的发展人类学家在田野实践中也难免带有“男性偏见”。在20世纪70年代，当人类学者斯普林（Anita Spring）在赞比亚进行田野研究时，她将注意力都集中在了与妇女和儿童有关的土著医疗法方面。由于医学人类学是她的学术专长，她对当地的农业活动不太感兴趣。在斯普林做了将近一年的田野工作之后，地方上的妇女代表却对她说她其实还不懂做一名女人的意义。斯普林在吃惊之余，终于发现自己竟然忽视了当地的一个如此明显的社会事实：做女人就是做农民（Spring，1995）。与众多关心妇女与发展的有识之士一样，斯普林认识到国际组织专家大大低估了妇女对农业生产的重要性。像她这样的发展人类学家，在国际组织中正从幕后走到台前，负责从项目设计到项目实施和评估所有环节的工作，开始扮演能真正影响决策的重要角色。从20世纪80年代起，斯普林在非洲马拉维担任一个名为“农业发展中的妇女”的发展项目的设计和负责人。她的项目得到了美国国际开发署（USAID）妇女问题办公室的资助。这一项目并不将焦点集中在妇女身上，而是以男性和女性农业生产者为共同的研究对象，并考察发展专家是如何对待性别问题的。斯普林的项目并不以收集数据为唯一目的。她想方设法，将成功的培训技巧传达给其他地区的发展专家。斯普林认为任何发展项目成功的关键不在于设计本身，而在于受助国国民（尤其是女性人群）有无强烈的兴趣和意愿改变现状（Spring，1995）。

二　妇女与经济发展实践：以“世界工厂”中的“打工妹”现象为例

西方学界低估或无视女性在农业生产中的地位的性别歧视倾向，在移民研究尤其是探讨工业化过程中农村向城市的劳动人口转移这一全球性课题时，也有一定反映。在20世纪七八十年代，只有极少数学者对女性自身的移民经历有足够的学术关注（Foner，1978；Simon，Brettell，1986）。有关这一时期女性移民文献匮乏的主要原因，还在于充满“男性偏见”的一个貌似合理的假设，即由于经济原因而离乡进城打工者的主体多为男性青壮劳动力。那些在移民过程中与丈夫同行的妇女群体，被想当然地看成从属和次要的角色，换言之，是不值得进行深度探究的对象。

如何在理论层面矫正发展实践中“男性偏见”的倾向？代表西方社会学界不同流派的妇女研究专家有着各自不同的立场和对策。就其价值取向和学术旨趣而言，以消除性别歧视为目标的女权主义理论大致可分为三类：自由派、激进派和代表非白人族裔和发展中国家女性观点的少数族裔女权主义流派。限于篇幅，本文无法对这些流派的各种见解进行梳理。总的来说，自由派女权主义学者以社会和文化态度为对象，来检视和评判日常生活中存在的性别不平等现象。她们通常就性别歧视发生的个案和妇女权益受到侵犯做就事论事的描述和分析，而很少从妇女在男权社会中受压迫的制度化本性入手。因而自由派女权主义理论所提供的视角和解释力，对于女性发展和研究的指导意义相当有限。

与自由派学者默认性别不平等现实的观望态度相反，在一定程度上受到西方马克思主义学说影响的激进派学者以社会改革为己任，直接挑战维持“男性对女性制度化压迫”的男权社会。激进派认定家庭是女性受到社会化压迫的主要源头，对男性剥削女性在家庭所做的无偿劳动这一不平等现象进行抨击。此外，激进派女权主义学者还认为男性是阻止女性获得政治权力以及在公共空间施加社会影响的主要障碍。

作为对自由派和激进派女权主义学者“精英话语”的补充和矫正，少数族裔女权主义学者则要求在研究发展实践中的性别不平等现象的过程中，加入对殖民强权、奴役剥削和阶级压迫等因素的思考。后者的立场通常为具有“西方中心主义”倾向的欧美学者所忽略。然而少数族裔女权主义学者的研究以强烈的历史使命感和鲜明的政治经济学特征，为分析发展实践中的“男性偏见”提供了极有价值的视角。

上述论及的代表自由派、激进派和少数族裔立场的三种妇女研究思路，都倾向于强调社会结构和其他外部因素对非西方语境中妇女的压制和约束力，而在不同程度上忽视了在发展实践中普通妇女自身的感受和想法，更没有在研究中对她们为了维持生计和争取权益而采取的策略给予足够的关注。在经济全球化不断发展的今天，有关妇女在遍及发展中国家和地区的"世界工厂"中的遭遇，为我们探讨如何应对、解释发展过程中"男性偏见"现象时所面临的困境，提供了极好的案例。请看我们眼前的这幅图景：在世界各地出口加工区的工厂内，年轻女工们夜以继日地工作，在流水线缝制衣服、装配电子器件或制作其他运往欧美市场的玩具和鞋帽成品。这些通常位于资本主义世界体系半边缘地区（Wallerstein，1974）的"世界工厂"为年轻女工所提供的，都是低工资和没有升迁或没有加薪机会的苦活。而且毫无例外的是，这些工作不但强度大，而且重复乏味，具有一定的危险性。在西方精英学者看来，这些工厂的女工无疑是受剥削程度最为严重的弱者，并且缺乏男性工人那种自我保护能力，其基本权益受到侵害的例子屡见不鲜。某些学者甚至将这类工厂视作"血汗"工场，以受剥削工人的代言人自居，并且主张以极端的抗议方式来替代冷静的学术探讨，以达到为弱者维权的目的。

而近年来人类学田野研究者的研究表明，在发展中国家许多具有农村背景的女性（尤其是未成年女性）进入这类"世界工厂"，其实是自身情况和家庭因素共同作用的结果。也就是说，她们选择在"世界工厂"干活，可以说是身不由己和心甘情愿两种情形兼而有之（Fernandez，Maria，1987；Gaetano，Jacka，2004；Jacka，2006；Tiano，1994）：首先，她们中的大多数经不住丈夫或父母兄长的强行劝说，而进入那些位于城市近郊偏僻地带、以军事化方式管理的工厂，在流水线上超时干活，以挣钱来贴补家用；其次，许多妇女虽然认为进工厂干活不尽理想，但同时这又是她们通过挣钱来确保经济稳定和自立的一种保障。著名华裔人类学家翁爱华（Aihwa Ong，1987）在她的《反抗精神与资本主义规训：马来西亚的工厂女工》一书，对受雇于日资半导体公司的马来族女工，是如何利用传统的信仰和仪式，来向厂方和管理层发出不平的抗议之声，并有限度地维护了自身尊严，进行了极为精彩的田野叙述和分析。

在逆来顺受和奋起反抗之间，是否还存在被学者忽略，却又更能反映全球化语境中"世界工厂"现实的打工妹的生活状态？《华尔街时报》记者莱斯利·张（Leslie Chang，2008）的《工厂女工：在变化中的中国从农村走向城市》一书，可以说是一份恰逢其时的21世纪中国打工妹的“真情实录”。笔者发表在2009年1月版《哈佛杂志》（*Harvard Magazine*）对此书的评论认为，在莱斯利·张看来，大多数西方学者对中国农民工（尤其是打工妹）问题的研究，都充斥着有关社会不平等和公民权利的精英话语（Solinger，1999），缺少触及打工者日常生活环境和内心活动的深度和力度。在学术研究中，（中外）打工妹多被描述成被跨国资本主义无情剥削和奴役的对象。这种由学术话语构建的受害者或者牺牲品的形象，又经全球传媒渲染，似乎成了制造芭比娃娃、耐克运动鞋、Coach品牌皮件、玩具或电脑芯片的庞大机器上的一个个螺帽、一串串可有可无的符号。也许是出于对已有学术研究的不满，也许是出于自身对中国打工妹遭遇的好奇，莱斯利·张在广东省东莞市（2009年之前“世界工厂”的主要聚集地之一）耗时三年，采用一种类似于人类学的工作方法，在流动性极大的打工妹社区内进行深度的参与式观察和访谈。莱斯利·张以自己的执着和真诚赢得了名为敏和春明（均为化名）的两位打工妹的信任，并与她们成了无话不谈的好友。她们把自己的日记、信件和手机短信都拿来与其共享。在获得大量一手材料的基础上，莱斯利·张以娴熟的笔调，勾勒出才20岁出头的敏和春明的极不平凡的个人生活史。从某种程度来说，两位打工妹在个体层面的经历，也是新一代中国乡村妇女如何应对源自20世纪80年代的移民潮，在这场人类历史上罕见的以寻求改善经济际遇为目的的大迁徙中主动出击，并且积极寻求自我发展机会的写照。

通过敏和春明，莱斯利·张有了深入打工者日常生活的微观世界：流水线、工厂车间、宿舍、食堂、饭厅、冷饮店乃至她们的老家。其力图以打工妹的眼光来审视女性移民的物质和精神世界，在写作中加入她们的声音。没有理论框架和学术套话的束缚，其似乎比女权主义研究者更有面对象牙塔外冷酷现实的坦诚勇气。在书中，其写道：“我所知道的女性移民从不因自己是女性而怨天尤人。（她们）的父母也许重男轻女，老板喜欢漂亮的秘书，招工广告也公开地歧视应聘者，但她们仍一往直前，将所有的这些不平等现象抛在脑后——在东莞的三年间，我从未听到任何（打工妹）流露出一星半点的女权主义情绪。”（Chang，2008：59）在摆脱女权主义研究者的精英意识之后，莱斯利·张反而更为清晰地看到了一幅幅生动的田野图景：以敏和春明为典型的年轻农村女性在远离故土的陌生城市，是如何艰难地建立新的身份认同并不时调整策略以适应新的工作环境，如何面对谈婚论嫁时遭遇的困难，如何走出因违背商业伦理而陷入的道德困境，如何重新处理与老家父母乡亲逐渐失衡的权利与义务关系。

莱斯利·张以生动的文字在书中再现了21世纪中国打工妹的真实状态，也没有刻意地为她们的生活加上过多的玫瑰色的光环。然而，我们看到这样一幅图景：在改革开放后长大的农村女性开始独立地思考和规划自己的人生发展，以积极姿态拥抱经济全球化带来的机遇。这是一种与她们的母亲一代截然不同的精神面貌。我们甚至可以看到其想努力传达出这样一种信息：在传统社会中只能待字闺中的少女，如今已是像东莞这样的新兴工业区的活力源泉，也是“世界工厂”的中坚力量。来自农村的普通女性在中国进行的这场足以影响全球化进程的经济变革中，扮演着史无前例的角色。而现今为后现代精英话语垄断的国内外学界（尤以性别研究为甚）似乎还满足于以已有框架和概念，自上而下地俯视所谓“流动人口”或农民工问题，喋喋不休地做着自恋式的反思和所谓“解构”。《工厂女工：在变化中的中国从农村走向城市》一书尽管不属于学术作品，然而它的出版，对于注重实证研究的发展人类学者来说，是一种来之不易的激励和鞭策。

三　妇女组织与社会企业理念之践行

在许多发展中国家和地区，妇女以组织起来的方式为自己争得了应有的地位和福利。从“母亲俱乐部”到社区幼托和信贷会，这些小范围、地方性群众团体的出现，使妇女终于有了自己创业挣钱和为邻里乡亲尽义务的机会。有些妇女组织经过不断壮大，最终形成一套全球性的网络经营模式。例如一个名为“世界妇女银行”的国际性组织，就是从印度的一个为打工女提供小型贷款的项目发展而成的。借鉴印度的成功经验，发展人类学者在非洲莫桑比克设立了一个以社区为基本单位的信贷项目，以满足农村妇女购买种子、化肥和其他农资的需求（Clark，1992）。项目先在一个叫马切尔的村庄试点。村内有32家农户报名参加项目。农户被分成7个互助组，每组选出一名负责人。妇女一旦做主，包括灌溉在内的许多农活的实际效率就明显提高。妇女们经常开碰头会，商量如何在生产中减少化肥和杀虫剂的使用量。经过集体努力，当年的收成比上一年增长了整整4倍。妇女马上还清了首次贷款。为了提高牧养质量，她们再次贷款购买了用来加工玉米的电磨等生产工具。在军事冲突频仍、政府资源匮乏、旱灾连连的恶劣条件下，这一项目却为贫困中的农村妇女和她们的家庭提供了安全保障。

一般来说，精英视角中妇女组织都是为了实现性别平等和赋权等政治理念而存在，与以营利为目的的商业模式可以说毫不相干。然而源自南亚地区的妇女组织却以其旺盛的生命力证明，欧美工业国家中以营利和非营利区分民间组织的标准，并不适用于广大的第三世界国家。2006 年诺贝尔和平奖获得者、著名经济学家尤纳斯创办的孟加拉乡村银行（又称格莱珉银行），以小额贷款的方式，使数以千万计的穷人通过小本经营脱贫并走上致富之道。在他的新书《创造一个没有贫穷的世界》中，尤纳斯通过阐发“社会商业”（Social Business）这一全新理念对自己的创造性实践做了总结（Yunus，2008）。尤纳斯的成功经验对西方人来说几乎是不可思议的。首先是他的服务对象以贫困人群为主。而在金融业高度发达的欧美社会，穷人多被富人看成缺乏信用记录和勤奋工作伦理精神的好吃懒做之徒，想要获得银行贷款简直是天方夜谭。其次是尤纳斯在经营以公益服务为终极目标的乡村银行时，采用的是管理学大师德鲁克（Drucker）倡导的模式，充分利用市场资本主义的力量，而几乎从不依赖政府。

早在尤纳斯声名鹊起之前，人类学者就已经开始注意到一个令人瞩目的现象：乡村银行资助的一个小额贷款项目，不但使南亚地区的普通妇女得到经济实惠，还产生了意想不到的社会效应。参与发展项目的妇女一旦走出狭小的家庭空间，与外界沟通后就变得见多识广，而且经济地位的提升使她们对生育选择有了真正的发言权，开始主动采取避孕措施（Schuler，Hashemi，1995：455－461）。在此之前，妇女组织和地方上的政府机构曾不遗余力地推行计划生育政策，希望通过控制人口和家庭规模来达到推动社会发展和保障妇女权益的目的。由于这种干预措施本身的强制性和普通民众的抵触情绪，其成效可以说是微不足道的。计划生育与小额贷款本是两件不怎么相关的事情，然而尤纳斯独辟蹊径的社会企业实践，却取得了令人意想不到的双赢结果。

四 结语

早期国际发展实践中屡见不鲜的“男性偏见”现象，就其本质而言，其实是延续了学术研究中泛滥一时的“男女性别二元论”，即男性是文化、理性的代表，以公共空间为其活动范围，与之相对应的女性则是自然（生理）和非理性（或者情绪化）的代表，以家庭等私人空间为其有限的活动空间（Rosaldo，Lamphere，1974）。以怀娜为代表的一代女性人类学家，凭着脚踏实地的态度和无可挑剔的田野材料，不但弥补了人类学大师马林诺夫斯基研究中的缺憾，也为发展人类学家关注和分析农村社会经济活动中实际存在的性别问题提供了范本。然而，在成功摆脱“男性偏见”之后，西方后现代女权主义的精英话语对深刻分析经济全球化时代“世界工厂”中打工妹复杂的人生经历，难免显得捉襟见肘。在这一点上，新闻从业者莱斯利·张的《工厂女工：在变化中的中国从农村走向城市》一书，不但显示了其敏锐的观察能力，也证明了人类学和社会学视角对于捕捉和解释社会现象的价值。

在中国当前建设和谐社会和维护社会公正的氛围中，充分依靠文化人类学和社会学田野研究主导的描述、考察和分析问题的手段，完善以科学精神和人文关怀为核心的女性发展观，同时将性别研究者的目光进一步引向社会底层普通民众的命运，将是一次极富学理价值和现实意义的探索和实践。在研究实践中灵活运用以“参与式观察”为特色的人类学田野工作手段，重视倾听来自普通女性的声音，以她们的目光来审视严酷的社会和经济现实，能使我们在分析过程中成功摆脱结构和主观能动性二元论的束缚。而从尤纳斯“社会商业”理念出发，找出最符合中国国情的女性赋权途径，也许是发展人类学在实践中为考察和解决妇女与发展问题能做出的最大贡献。

参考文献

[1] Boserup, Ester (1970), *Women's Role in Economic Development* (New York: St. Martin Press).

[2] Brown, Judith K. (1970), "A Note on the Division of Labor by Sex," *American Anthropologist*, 72.

[3] Chang, Leslie T. (2008), *Factory Girls: From Village to City in a Changing China* (New York: Spiegel & Grau).

[4] Clark, Gracia (1992), "Flexibility Equals Survival," *Cultural Survival Quarterly*, 16.

[5] Fernandez, Kelly, Patricia Maria (1987), "Technology and Employment along the U. S. -Mexico border," in Cathryn L. Thorup, ed., *The United States and Mexico: Face to Face with the New Technology* (New Brunswick, NJ: Transaction Books).

[6] Foner, Nancy (1978), *Jamaica Farewell: Jamaican Migrants in London* (Berkeley: University of California Press).

[7] Gaetano, Arianne M., Tamara Jacka (2004), *On the Move: Women in Rural-to-Urban Migration in Contemporary China* (Columbia: Columbia University Press).

[8] Jacka, Tamara (2006), *Rural Women in Urban China: Gender, Migration, and Social Change* (New York: M. E. Sharpe).

[9] Malinowski, Bronislaw (1961), *Argonauts of the Western Pacific* (New York: E. P. Dutton & Co). 见〔英〕马凌诺斯基《西太平洋的航海者》，梁永佳、李绍明译，华夏出版社，2002。

[10] Mukhopadhyay, Carol C., Patricia J. Higgins (1988), "Anthropological Studies of Women's Status Revisited: 1977 - 1987," *Annual Review of Anthropology*, 17.

[11] Murdock, George P., Caterina Provost (1973), "Factors in the Division of Labor by Sex: A Cross-Cultural Analysis," *Ethnology*, 12.

[12] Ong, Aihwa (1987), *Spirits of Resistance and Capitalist Discipline: Factory Women in Malaysia* (New York: State University of New York Press).

[13] Rogers, Barbara (1979), *The Domestication of Women: Discrimination in Developing Societies* (New York: St. Martin's Press).

[14] Rosaldo, Michelle Z., Louise Lamphere, eds. (1974), *Women, Culture, and Society* (Stanford: Stanford University Press).

[15] Schuler, Sidney Ruth, Syed M. Hashemi (1995), "Family Planning Outreach and Credit Programs in Rural Bangladesh," *Human Organization*, 54 (4).

[16] Simon, Rita James, Caroline B. Brettell, eds. (1986), *International Migration: The Female Experience* (Totowa, NJ: Rowman and Allenheld).

[17] Solinger, Dorothy (1999), *Contesting Citizenship in Urban China: Peasant Migrants, the State, and the Logic of the Market* (Berkeley: University of California Press).

[18] Spring, Anita (1995), *Agricultural Development and Gender Issues in Malawi* (University

Press of America).

[19] Tiano, Susan (1994), *Patriarchy on the Line: Labor, Gender, and Ideology in the Mexican Maquila Industry* (Philadelphia: Temple University Press).

[20] Tinker, Irene (1976), “The Adverse Impact of Development on Women,” in Irene Tinker, Michele Bo Bramsen, eds., *Women and Development* (Washington, DC: Overseas Development Council): 22 – 34.

[21] Wallerstein, I. M. (1974), *The Modern World-System: Capitalist Agriculture and the Origins of the European World-Economy in the Sixteenth Century* (New York: Academic Press). 见〔美〕伊曼纽尔·沃勒斯坦《现代世界体系》(第1~3卷),郭方等译,高等教育出版社,2000。

[22] Weiner, Annette B. (1976), *Women of Value, Men of Renown* (Texas: University of Texas Press).

[23] White, Douglas R., Michael L. Burton, Lilyan A. Brudner (1977), “Entailment Theory and Method: A Cross-Cultural Analysis of the Sexual Division of Labor,” *Behavior Science Research*, 12.

[24] Yunus, Muhammad (2008), “Creating a World without Poverty: Social Business and the Future of Capitalism,” *Public Affairs.*

“后父权制时代”的中国社会

——城市家庭内部的权力关系变迁*

沈奕斐**

【摘要】 本文通过对上海45个家庭的观察、访谈，从性别和年龄/辈分两个维度描述城市家庭中的性别关系和代际关系的变迁，同时结合对50对新婚夫妻的访谈和对23个生育故事的素材分析，建构一个“后父权制”模式，并且对这一模式的应用范围做推导，认为在当代中国城市家庭中，父亲的权力衰弱了，但男性的权力并没有衰弱；儿媳妇的权力增加了，但整体女性的权力没有增加；年轻女性获得权力来自年老女性的权力让渡而并非男性。

【关键词】 城市家庭；权力关系；社会性别

在今天的中国讨论性别平等总是会遇到两种截然不同的观点针锋相对：一种观点认为今天的中国已经实现性别平等，甚至认为女性的地位已经非常高了；另一种观点认为今天的中国女性地位持续降低，现在亟须关注和解决性别不平等问题。两种观点都会列举一系列事实和数据来证明其正确性。前者常常以家庭内的妇女地位上升为例子，而后者常常以公领域中妇女权益并没有得到足够的保障为例子，与此相对应的理论观点普遍认为，在中国父权制已经衰弱，而中国依然存在甚至在加剧社会性别不平等。

---

* 本文原载于《广西民族大学学报》（哲学社会科学版）2009年第6期，收入本书时有修改。

** 沈奕斐，江苏吴江人，复旦大学社会发展与公共政策学院讲师，社会文化人类学研究中心副主任。

大部分女性主义学者相信父权制和女性解放是对立的两个面，如果女性解放成功的话，整个男性统治的结构就能够被瓦解。反过来，父权制的衰弱一定是女性主义的成功，一定带来女性地位在整个社会的提高。

但是中国的现实似乎并没有支持这种二元对立的观点。一方面，我们的确看到在某些领域女性地位提高，尤其是在家庭领域，无论是在农村还是在城市，近年来很多研究证实了女性地位的提高（阎云翔，2017；金一虹，2000）；另一方面，我们又看到在更多领域，女性的地位不仅没有提高，反而可能会后退，尤其是在政治领域（沈奕斐，2008）。这两个趋势截然相反的结论，指向的都是性别关系，那么中国目前的社会性别机制究竟如何？如何在全球背景下，重新界定和看待中国的“父权制”？

本文通过2006～2009年对上海45个家庭的观察、访谈，选择一个典型个案，从性别和年龄/辈分两个维度描述城市家庭中的性别关系和代际关系的变迁，同时结合对50对新婚夫妻的访谈和对23个生育故事的素材分析，建构一个“后父权制”模式来解释上面提到的矛盾，并且对这一模式的应用范围做推导。

为什么选择城市？似乎我们常常把父权制与农村进行更紧密的联系，但是在今天的中国，城乡一体化的进程以及人口流动的加剧都将使农村向城市的生活模式靠拢，因此我认为城市的生活模式并不会与农村割裂，甚至在某种意义上，城市的模式是农村发展最有可能的模式。为何选择上海来讨论父权制？上海被普遍认为是女性地位很高（甚至是最高）的城市，如果在上海还存在父权制，那么，认为中国父权制已经消失的观点显然是不正确的。

本文聚焦家庭内部的父权议题，研究的结果却让笔者发现，现实远比理论复杂，简单的父权制衰弱情况不能描述现实情况，我们需要在中国本土语境中，以交叉性分析视角描绘更接近真实情况同时也更复杂的日常生活图景。

一　父权制的理论和中国的理论实践

父权制是女性主义用得最多最广泛的一个词，同时也是含义最不清楚的一个词。

韦伯在1947年用父权制概念的时候，是用来指代男性通过其在家庭内的家长地位来统治社会的管理体系。这种控制既包括男性对女性的支配，也包括年长男性对年轻男性的支配。追寻韦伯的思想逻辑，后来的很多研究都把父权制看作两个维度交叉在一起的不平等机制，即性别和代际。

女性主义在发展父权制概念的时候，主要表现为激进女性主义抛弃了代际的关系，而只强调男女，甚至把父权制泛化为一个涵盖不同历史时期和文化的女性的从属现象，使这个概念成为一个过度独立的概念（Acker，1989）。

虽然20世纪七八十年代在女性主义中关于父权制的理论争论非常多，但是把父权制看作男性对于女性的压迫依然是一种主流看法，这种看法把代际的因素忽略了，强调性别因素。如Sylvia Walby（1989）虽然提出我们需要一个更加灵活的父权制概念来涵盖女性经验的多样化和各种形式的性别不平等，但是，她依然不断强调作为一种社会结构，父权制是男性支配、压迫和剥削女性的一种实践。有中国学者提出Patriarchy的翻译应该是男权制，而不是父权制（周颜玲，1998），这种讨论体现了学者对性别因素的强调，也反映了学者把父权制等同于男女两性不平等机制的倾向。但是，这种简化带来了一系列问题。到了20世纪80年代末，父权制似乎已经不是一个有效的分析概念，因为其太过抽象和模糊，所以，很多学者开始细化父权制概念，也反思父权制这个概念本身的问题。甚至更极端的观点认为父权制的概念已经不能提供更多的新知识，用女性主义、历史唯物主义分析实践的话，必须拒绝父权制这个概念，如果理解每日杂乱的生活，就要关注具体的性别化的身体、性别化的场所和性别化的经验（Gottfried，1998）。

黑人女性主义者、少数族裔女性主义者对于女性主义的一个突出贡献就在于把性别的身份和其他维度，如种族、民族、性取向等结合起来。从20世纪90年代开始兴起的“交叉性”视角把其理论化，并且结合全球化议题，极大地丰富了性别研究的内容。

这一点在进入21世纪被进一步阐述和反思。Sinha反对性别研究中的欧洲中心主义，强调“将欧洲地方化”（Provincializing Europe）的历史研究。她认为在欧洲经验中，女性身份是在和男性的关系中建构起来的，这种男女的二元对立是欧洲社会性别概念的核心，而非洲等其他地方的经验显示：“处于不同时空语境中的女人和男人，是在与一系列不同身份的关系中——而不是女人和男人这两者之间的关系中——建构起来的。”Sinha在关于晚期殖民地印度的研究中发现：“妇女的社会性别身份，不在于与男人的关系中，而在与社群的集体身份的关联中形成，这些集体身份又由宗教、种姓、族裔等决定。”

这一真知灼见对于中国的性别研究是非常重要的，也许族裔、种族、宗教等身份对中国人的影响不如西方国家或者印度等亚洲国家那样大，但是年龄以及与年龄相关的辈分对于中国人的身份和地位来说是非常重要的，因此，突破“男性—女性”这样的二元论来重新解读中国的父权制就必须回到韦伯提出的父权制的两个维度：性别和代际。

上文所述的两种截然不同的关于女性地位上升与否的争论，正在于把性别平等和代际平等两个概念混杂在父权制概念中，没有对这两个维度的变化做细致的考察，从而只看到一面，而忽视另一面。对每一个个体来说，其既有性别的本质身份，同时又拥有年龄的本质身份，这两个身份都在影响他/她在社会中的地位。

以交叉性的视角，我们看到中国女性的社会性别身份不在于与男性的关系中产生，而是在和不同年龄段、不同辈分的男性、女性的关联中产生的。本文讨论的父权制和性别平等都是从这两个维度出发的。当然，其他的身份，如阶级也会影响到女性的性别身份，但是由于阶级概念本身太过复杂，尤其是在家庭领域中的阶级，因此，这里不做讨论。另一个原因是，阶级本身就是一种带有结果性的等级分层，不是本质身份，笔者认为其也不适合放入父权制中讨论。

有学者描述了中国父权制家庭方方面面的情况，发现中国父权制的一个特征是女性常常成为压迫另一女性的主体（Jaschok，Miers，1994），因此，考虑到代际和性别，笔者认为Kandiyoti对中国父权制的总结是比较合理的。Kandiyoti根据亲属关系，把父权制划分为经典父权制和一夫多妻的非洲模式。中国具有典型的经典父权制，经典父权制的基本特征在于从夫居，年长的男性支配家庭中的每一个人，包括妇女和年轻的男性。而女性不仅从属于男性，而且从属于年长的女性，并且女性没有继承父亲财产的权利（Kandiyoti，1988）。Rubie Watson认为讨论中国的性别制度必须注意3P［Patrilocal（从父居）、Patriarchy（父权）、Patrilineage（父系继嗣群）］

的关系。本文下面讨论的父权制的变化正是从这样一种概念体系推导出来的。

当然，父权制的变化在全世界发生，如 Valentine M. Moghadam（2004）注意到同样在被看作经典父权制的中东伊斯兰国家，这几年来，由于社会经济的发展，妇女受教育水平和职业地位的提高，女性的意识和家庭的规模和结构都已经发生了改变，原来的“经典父权制”概念已经不适用于伊斯兰国家。

那么，经典父权制是不是也不适用于今天的中国呢？这曾是热门的议题。

事实是，男孩偏好依然存在，女孩更少受到教育，性别分工明显（Stacey，1983）。所以，Stacey 的结论是，中国出现了民主的父权制和父权社会主义（Democratic Patriarchy & Patriarchal Socialism），社会主义并没有彻底瓦解父权制。

Andors（1983）的观点有所不同，她把家庭外的工作机会看作妇女解放的关键，妇女可以从工作中学到很多新的技能，参与到正式的政治活动中，但是，家务劳动仍然是妇女的责任，例如，公社的女性工分挣得比男性少，城市的女性继续被挤入不需技能钱又少的部门。

虽然中国社会性别平等的实践并没有彻底改变妇女的家庭角色，但妇女加入劳动力市场和收入的提高仍然历史性地改变了家庭中的婚姻资源交换理论关系。从妻子在经济上依赖丈夫转向了双职工夫妻在经济上相互依赖（Zuo，Bian，2005）。

真正发生变化是在改革开放后，市场经济的发展让每个人似乎都能够凭能力生活，而中国女性的就业率在85%以上，这让很多西方学者产生错觉，认为中国的性别平等正在实现。2007年，Stacey 在复旦大学的课堂上提出这样一个问题：中国在父权制之后的性别状况究竟如何呢？当时无人回答。这一问题很有意思，一方面她假设父权制已经不存在了，但是另一方面她又不相信性别平等已经实现。这一问题的背后是进入20世纪90年代以后，关于中国父权制的讨论不再能够吸引很多学者，关于这一方面的文献很少，金一虹的《父权的式微——江南农村现代化进程中的性别研究》几乎是唯一一本在社会学领域直面父权制问题的专著。

以代际和性别来分析父权制，那么家庭领域自然是最好的场域。综观家庭的权力关系，主要有两种解释性理论：一是资源理论，强调夫妻双方因为拥有不同的资源而拥有不同的权力；二是文化决定论，强调传统性别分工的影响（左际平，2002；郑丹丹、杨善华，2003；徐安琪、刘汶蓉，2003；徐安琪，2005）。无论哪个角度，类似的研究都存在两个问题。第一，家庭的权力关系常常落到夫妻两方，而忽略了家庭的其他成员，正如有学者指出，在国内研究中，女性主义视角被更多地运用在对夫妻权力关系的讨论方面（唐灿，2007）。实际上，家庭的权力关系并不仅发生在夫妻之间，家庭其他成员（无论是否住在一起）也都会受到影响，并且其他家庭成员的存在会影响到夫妻双方的权力格局。第二，对权力这一概念在家庭领域的运用缺乏反思。在这一方面，徐安琪先后发表了一系列在实证研究基础上的发现和观点，对家庭的权力关系的概念和测量指标提出质疑和对“西方理论本土化”进行修正（徐安琪、刘汶蓉，2003），她发现重大事务决定权与女性的家庭地位满意度评价并不显著相关，但是她发现，个人自主权对女性的家庭地位满意度有较大的积极影响等（徐安琪、刘汶蓉，2003；徐安琪，2005）。

为了避免上述两个问题，本文在下面的论述中把父权制的讨论放入所有成年家庭成员中去衡量，并且在对“权”考量的时候，放弃家庭决策权等操作概念，通过展示具体的画面，通过对“权力的动态过程”（郑丹丹、杨善华，2003）的展示，强调个体的自主性以描绘权力和地位的等级，力图“看到表面的平等背后隐藏的不平等结构”（王金玲，2002）。所以，本文选择的案例是一个三代居住在一起的家庭。笔者认为这样的家庭的概念与“主干家庭”不同，在下文的论述中，读者可以发现这个家庭的内涵与父母拥有权威的主干家庭不同，外延也与核心家庭的界定不同。本文通过欢欢一家内婆媳、夫妻、父子的两两关系来展示具体的家庭的权力关系。

二　欢欢一家的日常生活

欢欢是一个四岁的小女孩，是一家人的宝贝。在欢欢出生时，欢欢的爷爷、奶奶为了照顾欢欢和欢欢妈妈而住进这个小家庭，一直到现在。

欢欢奶奶今年 55 岁，5 年前就已经退休，退休后在一家私营企业上班。欢欢出生后，欢欢奶奶辞去工作，一心照顾孩子。欢欢爷爷今年 57

岁，没有退休，还在工作，但是工作比较轻松，每天很早下班。

由于只有欢欢爸爸这么一个儿子，欢欢爸爸工作又比较忙，因此，儿子结婚后，欢欢爷爷、奶奶就搬到了儿子的新家里，和儿媳妇住在一起，自己的家空着。儿子买新房子的时候，老两口把自己的积蓄拿出来付了首付，儿媳妇的收入付按揭。

儿子和儿媳妇都是大学学历，原来都在外资公司上班。儿媳妇因为生育，在家赋闲了两年，现在出去工作，不过目前的工作轻松简单，但是收入不高。儿媳妇的收入就是她的零花钱，家用一般都由儿子负担，儿子的收入还不错，老两口的收入也常常贴补家用。

家里的家务基本上是由欢欢奶奶做的，欢欢爷爷一般负责陪孩子玩耍，偶尔接送孩子。儿媳妇在家的时候很少做家务，孩子大了，小两口更多的是负责孩子的教育。

虽然彼此有不同的想法，但是一家人的关系还是非常和谐的，很少有红脸的时候。

欢欢家日常一天的生活如下。

老年人的生物钟比机械表还准时，6：30，欢欢奶奶醒了，开始窸窸窣窣穿衣起床，虽然声音很轻，但是欢欢爷爷还是被吵醒了。

“几点了？”欢欢爷爷问。

“6点半。”欢欢奶奶轻声说，生怕吵醒了睡在旁边的欢欢。

刷完牙洗完脸以后，欢欢奶奶开始准备早饭。上海人喜欢喝粥，如果有剩饭，就饭泡粥，如果没有，就米烧粥。除了做早饭外，欢欢奶奶有时还要帮儿媳妇准备中饭，所以，早上的时间很紧张。

欢欢爷爷刷完牙洗完脸以后，就按照欢欢奶奶的指示出门买早点，因为单单喝粥不抵饱，欢欢爸爸、妈妈和爷爷都喜欢早上加一点“干货”，如烧卖、鸡蛋饼、油条等。

早饭准备好了，欢欢奶奶开始哄骗欢欢起床，因为她在8：30之前必须进幼儿园。欢欢才四岁，但是已经喜欢赖床了，欢欢奶奶一般要连哄带骗再加威吓才能在半个小时之内让她起床，然后还要给她穿衣、刷牙、洗脸。欢欢起床后不愿意乖乖地听奶奶的话吃饭，她要先找玩具玩一会儿，有时还要看看电视，欢欢奶奶已经很急了，只好一边追着欢欢跑，一边喂她吃饭。

这个时候已经过7：30了，欢欢爸爸、妈妈也起床了，开始坐在餐桌前吃早饭，看到欢欢太不像话了，欢欢爸爸或欢欢妈妈会呵斥几句，但是基本不起作用。

8：00，欢欢奶奶终于成功地完成了早上的一系列任务，带欢欢下楼，到小区的出口和住在同一小区的妞妞外婆碰头，一起送两个小孩子到幼儿园去。

这个时候，欢欢奶奶自己还没有吃早饭，一方面是因为早上的时间的确很紧张；另一方面是因为已经快20公斤的欢欢在路上常常要奶奶抱，欢欢奶奶觉得如果吃饱了，就抱不动孩子了，还是不吃饱更能抱孩子。

8：30，终于把孩子送进了离家一公里远的幼儿园。欢欢奶奶和妞妞外婆一起去幼儿园附近的小菜场买菜。欢欢奶奶和妞妞外婆总是挑儿子和儿媳妇或者女儿和女婿喜欢吃的东西买。

“昨天你买的虾仁怎么样？好吃吧？”妞妞外婆问。

“不知道味道怎么样，我和欢欢爷爷都没有吃。因为欢欢妈妈很喜欢吃，就让他们小两口吃了，除了欢欢吃了一点，剩下的我今天早上也让欢欢妈妈带过去做中饭了。所以，不知道味道怎么样。不过，应该味道不错吧。”

“那我今天也买一点，我估计我女儿和女婿也喜欢的。”妞妞外婆听了并不觉得奇怪，在她家里，老两口也常常看到女儿和女婿喜欢吃哪个菜，就不吃那个菜了。

买好了菜，回到家已经9：30了。家里已经一个人也没有了。欢欢爸爸、妈妈去上班了，欢欢爷爷也还在工作，不过一般下午四点多就能回家了。

家门口是换下来的拖鞋，乱七八糟地放着，地上是欢欢早上拖出来的玩具，桌上是一家人吃过早饭以后的碗筷和菜，两个卧室里的被子都没有叠，凌乱地堆在那里，北阳台还有一堆待洗的衣服。

欢欢奶奶把菜放进厨房后，开始吃早饭。吃完早饭，欢欢奶奶手脚麻利地整理买来的菜，收拾房间，打扫卫生，洗衣服。一个上午像打仗一样，一转眼就过了12点。欢欢奶奶随便吃了一点昨天的剩菜剩饭，这就算把中饭打发了。

下午1点的时候，欢欢奶奶终于有时间稍微休息一下，可以眯半个小时。这个时候电话响了，是欢欢奶奶的妹妹打过来的，主要有两件事情。一件事情是欢欢奶奶的妈妈最近身体不好，要给她去全面检查一下，问欢欢奶奶有没有时间陪同；另一件事情是欢欢奶奶的妹妹搬进了新房，要请客吃饭。欢欢奶奶自然答应抽时间去陪，就让欢欢爷爷去接欢欢。欢欢奶奶想这个星期太忙了，都没去看看自己的老母亲，下个星期一定要多去几趟。搬新房请吃饭在上海叫“进屋酒”，喝“进屋酒”是要给红包的。欢欢奶奶拿出自己的一个小本子，上面记载了各种人情往来，她看了四年前，他们搬进新房子的时候妹妹给了多少钱，然后根据物价上涨的情况、目前的行情以及自己的经济实力加了几百块钱，包了红包。这笔“进屋酒”钱自然是要从她的退休工资或者老伴的工资里出的。

欢欢奶奶还有一个账本，本来是要记每个月儿子给的钱花在哪里了，但是，儿子和儿媳妇从来不过问，这个账本后来也就废了。不像妞妞外婆，每天都把家用明细记得清清楚楚，因为女婿偶尔会询问。儿子总是隔二三十天，给母亲一笔钱做家用，也常常隔三岔五地问欢欢奶奶钱够不够。欢欢奶奶总说够了，她不愿意问儿子要钱。这个月家用多了就挪到下个月用，不够就把自己的退休工资和老伴的工资一起添到里面。欢欢奶奶想得很开，只有一个儿子，自己和老伴死了以后，剩下的钱和房子都是他们的，活着用光也是一样的。儿子挺孝顺的，也不见得在他们年老时会不养他们。

下午2点多，欢欢奶奶开始准备晚饭，把能做好的菜都做好了，把需要热吃的菜准备好，等晚饭时候炒一炒就行了。

下午3：50，欢欢奶奶又来到小区门口和妞妞外婆碰头，一起去接孩子。

从幼儿园到家里，没有大人催促，欢欢和妞妞两个小朋友一路走一路玩，要1个小时左右。回到家，已经5：15了，欢欢爷爷已经回来了，正在看电视。

欢欢奶奶把欢欢交给欢欢爷爷，让欢欢爷爷陪欢欢玩，自己进了厨房，把剩下的菜做好。

这个时候，欢欢妈妈已经回家了，正坐在卧室的电脑前聊天、上网，欢欢有时候会跑到妈妈那里炫耀一下自己画的画什么的，欢欢妈妈会表扬几句，然后让欢欢继续和爷爷玩，自己继续上网、聊天。

饭菜做好以后，欢欢奶奶开始喂欢欢吃饭，欢欢总是不肯好好吃饭，从小到大为了让她吃掉一日三餐，欢欢奶奶不知道花了多少心思。欢欢一边看电视，一边和爷爷玩，一边吃饭。欢欢妈妈正好从房间里走出来，看到女儿又不好好吃饭，上来就一顿训话，欢欢马上就委屈得大哭起来。欢欢奶奶心里心疼得很，觉得儿媳妇太严厉了，孩子不都是这样的吗？但是，她清楚地知道绝不能把这种感受在这个时候说出来，反而帮着儿媳妇一起训欢欢，以显示自己和儿媳妇是站在同一条战线上的。欢欢爷爷扮演白脸的角色，接过饭碗连哄带骗，把饭菜喂给孙女吃。

晚上7点多，欢欢爸爸也到家了，于是一家人开始吃饭。欢欢坐在客厅看电视。欢欢爸爸一边吃饭，一边说想买一辆车。欢欢爷爷说：“我觉得桑塔纳挺好的，省油……”欢欢爸爸打断欢欢爷爷的话，说：“如果为了省油，那就不要买车了！现在的年轻人谁会去买桑塔纳啊？这么老土。”欢欢爷爷不说话了，反正这种事情自己也没有发言权，还是不要说了。

吃完饭，欢欢奶奶和欢欢爷爷一起收拾饭桌，进厨房洗刷，而欢欢妈妈开始负起教育之职，询问欢欢在幼儿园的情况，陪欢欢看电视、画画、学写字。欢欢奶奶看到母女玩得很开心，很亲，心里常常会感叹：孩子总是和妈妈亲的，奶奶再好也抵不过爸爸、妈妈。

晚上8：30，欢欢奶奶开始给欢欢洗澡，有时候，欢欢爸爸早回家也会给欢欢洗澡，而欢欢妈妈很少做家务，欢欢奶奶也并不介意，只要自己干得动，那就都自己干好了。

晚上9：00，欢欢爷爷到小房间，拖开沙发床，铺好床铺，让欢欢上床睡觉。欢欢奶奶陪在一边讲故事，哄骗孙女睡觉。欢欢终于睡着了，欢欢奶奶也累趴下了，于是在地上又铺了床垫，在地上睡觉，因为沙发床要让给欢欢爷爷睡。

房子是2002年买的，两室两厅，小了一点，但是现在的房价很高，欢欢家根本买不起大房子。欢欢奶奶想，还是将就一下吧，等欢欢大了，他们就可以回到自己的老房子去住了。老房子也在虹口区，不过略有一点距离，虽然房龄大一点，但是房子还是很舒服的。欢欢奶奶觉得那才是自己的家，儿子的家是自己的暂居地，她为了帮助儿子一家不得已住在这里，如果自己不帮助小两口，小两口都要工作，他们这日子真不知道会怎么过。欢欢没有人照顾也是不行的。等欢欢长大了，他们就能重新回到自己的家，可以每天下午搓搓麻将，这样日子就会过得轻松一点，虽然不知道什么时候欢欢才算长大，但是总会有这么一天的，他们只需要耐心等待。

三 从性别和代际两个维度讨论家庭内部的权力关系

选择欢欢一家，并不是因为这一家有什么特殊的地方，恰恰是它的普通吸引了我。虽然每家的情况不尽相同，但是不同的家庭有很多相同之处，比如儿媳妇和公婆关系好的家庭往往公婆会做大部分家务，而且没有怨言。“多做事，少说话”是很多和已婚子女住在一起的老人的信条。他们也相信“人心往下长”，所以，疼爱小一辈是自然的，孝顺老人就难得多，他们希望自己老了以后子女能够照顾他们，但是就经济上而言，他们觉得自己还能够自立，而且如果可以不麻烦子女那还是不要麻烦的好。

我们从欢欢一家的情况来检验父权制，会有很有意思的发现。

首先，从夫居在城市真的不普遍了，Whyte（1989）观察认为，从20世纪80年代开始，从夫居就受到了挑战，而在欢欢一家的案例中，即使是子代和父代居住在一起，也是“从子居”而不是从夫居，即使房子是欢欢爷爷、奶奶出钱买的，大家对这个家的认定依然是以欢欢爸爸、妈妈为主的家。

其次，年长的男性显然已经无法支配家庭中的每一个人。欢欢爷爷在家庭的重大决策方面并没有太大的发言权，比如买车这样的非常规决策也是家庭的重大决策，欢欢爷爷的意见并没有被听取，他也很自觉地放弃了发言权。父母权力的衰弱已经有很多文献可以证明（金一虹，2000；Yan，2006）。

最后，由于现在多为独生子女，父系继承根本无法实现。Fong

（2002）和 Francine Deutsh（2006）的研究都表明与独生子女相关的政策大大降低了“父系”体制的合理性。欢欢作为这个家庭唯一的后代，虽然是女性，但是一点也不影响她的继承权。甚至，在笔者访谈中，独生子女的父母总是反复说：以后都是他/她的，并没有性别之分。

从 3P 和 Kandiyoti 的定义来检验，中国的父权制在家庭内部衰弱了吗？的确衰弱了！

但是如果追问，女性在家庭中已经和男性平权了吗？又显然没有。

在欢欢爷爷、奶奶的性别关系中，依然是男高女低，这可以从他们家庭生活的很多细节中看出来。比如居住，在只有一张床的情况下，欢欢和欢欢爷爷睡到了床上，而欢欢奶奶睡在了地上，用欢欢奶奶的话说：总归让老头子睡床上的，让他睡地上，像话吗？还有关于休闲，欢欢奶奶和欢欢爷爷在欢欢没有出生之前，都喜欢搓搓小麻将，有了欢欢以后，忙碌了，欢欢奶奶就不再搓麻将了，而欢欢爷爷在周末还会去搓一场“小麻将”。再就是家务活，在欢欢家，家务活基本上是由欢欢奶奶做的，欢欢爷爷“从结婚后就再没有做过。不做的！”即使到今天，欢欢奶奶还是承担基本上所有的家务，欢欢爷爷偶尔负责接送孩子，以及和孩子一起玩。这种关系与原来的父权制中的夫妻关系相差不大。

而欢欢爸爸和欢欢妈妈的关系和上一辈已经不同，他们两个人都很少做家务，都睡主卧大床，两个人都有自己玩乐的方式。所以，很多研究认为今天的女性在家庭中的地位已经很高了正是因为看到了欢欢妈妈这样的群体。但是，欢欢妈妈在访谈中，不断向笔者强调她对欢欢爸爸有多好，比如每天早上先送老公上班再自己上班，帮老公做面膜，给老公买衣服，等等。她直言不讳地说：“现在做黄脸婆是一件很可怕的事，所以，女人要对自己好一点，让老公看自己顺眼一点。只有你自己很美好，老公喜欢你，才是女人要做的。”在这样的话语中，我们不难体会出男性对女性的重要性。欢欢奶奶在访谈中也多次强调，虽然儿媳妇做家务很少，虽然她也有对儿媳妇的不满，但是她不会说的，说了也没有用。因为儿媳妇是儿子喜欢的，儿子宠儿媳妇宠得不行，所以，只能忍让了。从这些细节中，我们又能体会出女性背后的那个男性对女性在家庭中的地位是至关重要的。女性家庭地位的提高与强调家庭的情感功能紧密相关。欢欢爸爸常常说，就让女人去做主好了，男人总是要让着女人的。但是在一些重大决策中，比如买房子和买车这些非常规决策中，欢欢爸爸有主要决定权。左际平（2002）的研究也证明了常规决策更多由女性做出，而非常规决策更多由男性做出。年轻一代的两性正在向平权前进，但似乎距真正的平权还有一段距离。

那么女性的地位提高了吗？提高了，又降低了。

从欢欢妈妈的生活来看，比起父权制时代，肯定是提高了，没有繁重的家务压力，有自己的娱乐空间，有支配经济的权力，有和老公讨价还价的能力，种种迹象说明女性地位提高了。但是，从欢欢奶奶的生活来看，她的地位不仅没有提高，而且还降低了。以前的婆婆虽然也要干家务活，但是，至少有发言权。而今天的婆婆是“多做事，少说话”，做一样的家务活，却失去了发言权。以前的婆婆以丈夫和儿子的喜好为自己的喜好，而今天的婆婆买菜的时候要考虑儿媳妇的口味。

如果我们把这两个人的生活联系在一起来看的话，可以更加明显地看到，欢欢妈妈获得的地位的提高实际上是以欢欢奶奶的权力的丧失为基础的。正是因为欢欢奶奶承担了大部分家务，并且出让了很多常规决策权，如如何教育孩子、吃什么样的食物、睡小房间等，欢欢妈妈才既能够摆脱枯燥繁重的家务，又能获得话语权。在其他个案中，如果老人不帮助小两口，那么对女性来说家务压力还是相当大的，她们就远没有欢欢妈妈那么潇洒。

虽然普遍认为上海男人会做家务，但是在笔者的访谈和观察中发现，在中产阶层家庭中，年轻男性的生活和以前父权制时代差别不大，他们做家务更多的是一种炫耀和表态，而不是常规；以前他们听妈妈的话，现在他们听老婆的话；以前他们忙于主外，现在他们依然忙于挣钱。相较欢欢爷爷在家庭中的地位直线降低，欢欢爸爸的地位如果没有提高，那至少也不会降低。

通过对四个成人之间的两两关系分析，我们可以得出这样的结论：在当代中国城市家庭中，父亲的权力衰弱了，但男性的权力并没有衰弱；儿媳妇的权力增加了，但整体女性的权力没有增加；年轻女性获得的权力来自年老女性的权力让渡而并非男性。所以说，我们看到的性别平等是因为我们看到的是年轻女性的权力增加，“性别平等”的实质是代际不平等的倒置，一旦进入老年，则意味着权力丧失，无论在家庭还是在社会（除个别等级以外)。

回到一开始的问题，争论的产生正是因为把代际因素从性别中剥离了，所以，有人看到年轻女性的崛起就认为性别趋向平等，看到中年和年老的女性又认为性别不平等加剧。欢欢一家的例子向我们展示了欢欢妈妈权力的获得并不是来自欢欢爸爸的权力丧失，而是来自欢欢爷爷、奶奶，尤其是欢欢奶奶，这样一个复杂的性别图景提醒我们，若简单地把人群分为男性和女性来考量，则平等会有失偏颇。

四 “后父权制”时代的特征

通过上述分析，我们已经发现了在今天仅仅想要以父亲的身份获得在家庭中的支配权已经是一件不可能的事了，一个父亲有权力一定要有其他因素的支持，比如有钱或有权。也就是说，根据代际来确定身份等级已经不复存在了，父亲这样的身份已经不能成为支配权的基础。在这个意义上，原来的父权制已经瓦解了，但是性别之间的关系并没有发生质的变化。性别内部的关系与个体所处的具体语境紧密相关。

为了结合全球语境和中国的地方化来更好地描述父权制的特征，笔者觉得有必要把观察的范围再扩大，即扩大到各个年龄段，不同性别的群体，整个社会中的等级。

由于种种原因，老年人丧失权力已经是一个不争的事实。无论是何种原因，老年人到了退休年纪，失去了公领域的身份，地位降低成为自然而然的结局。所以，笔者把达到退休年龄的老人归入一类：老年人，他们不分性别，他们的权力和地位都是随着年龄的增长而递减和降低的。从成人到退休前人群，两性的社会地位出现截然不同的趋势：在男性内部 18 ~ 60 岁的权力等级，年龄越大，等级越高；在女性内部 18 ~ 60 岁的权力等级，年龄越大，等级越低。

如果我们把女性分为姑娘、媳妇、婆婆三个家庭角色阶段，我们就会发现对同一个个体来说，就她同年龄的异性群体而言，她的权力是逐步减少的。在姑娘时代，权力最大，这一点 Yan（2006）有精彩的论述。笔者在对婚礼的研究中也发现，女性在婚礼中的发言权是相当大的，普遍比男性大。而结了婚，年轻媳妇和年轻男性相对平权，婚姻越久，年龄越大，女性的地位有降低的趋势，到了婆婆时代，权力降到低谷。而男性恰恰相反，年龄越大，就越有发言权，无论是在家庭还是在公领域。

对于后父权制时代的研究还刚刚开始，很多研究推论还有待资料进一步的证实，但是重要的是，在后父权制时代，女性的身份认同是在性别和代际的双重维度中建构的，而不再仅仅是对男女的比较。

参考文献

[1] 金一虹（2000）：《父权的式微——江南农村现代化进程中的性别研究》，四川人民出版社。

[2] 沈奕斐（2008）：《中国特定政策领域中的性别主流化》，上海社会科学院出版社。

[3] 唐灿（2007）：《评 2003 - 2006：国内家庭婚姻研究》，载《中国社会学年鉴》。

[4] 王金玲（2002）主编《女性社会学的本土研究与经验》，上海人民出版社。

[5] 徐安琪（2005）：《夫妻权利和妇女家庭地位的评价指标：反思与检讨》，《社会学研究》第 4 期。

[6] 徐安琪、刘汶蓉（2003）：《家务分配及其公平性——上海市的经验研究》，《中国人口科学》第 3 期。

[7]〔美〕阎云翔（2017）：《私人生活的变革：一个中国村庄里的爱情、家庭与亲密关系 1949—1999》，龚小夏译，上海人民出版社。

[8] 郑丹丹、杨善华（2003）：《夫妻关系"定势"与权力策略》，《社会学研究》第 4 期。

[9] 周颜玲（1998）：《男权制的概念和理论之批判与初步探索》，载金一虹主编《世纪之交的中国妇女与发展》，南京大学出版社。

[10] 左际平（2002）：《从多元视角分析中国城市的夫妻不平等》，《妇女研究论丛》第 1 期。

[11] 左际平（2005）：《20 世纪 50 年代的妇女解放和男女义务平等：中国城市夫妻的经历与感受》，《社会》第 1 期。

[12] Acker, Joan (1989), "The Problem With Patriarchy," *Sociology*, 23 (2).

[13] Andors, Phyllis (1983), *The Unfinished Liberation of Chinese Women: 1949 - 1980* (Indiana: Indiana University Press).

[14] Davis-Friedmann, Deborah (1991), *Long Lives: Chinese Elderly and the Communist Revolution* (Stanford: Stanford University Press).

[15] Deutsch, Francine M. (2006), "Filial Piety, Patrilineality, and China's One-Child

Policy," *Journal of Family Issues*, 27 (3).

[16] Fong, Vanessal L. (2002), "China's One-Child Policy and the Empowerment of Urban Daughters," *American Anthropologist*, 104 (4).

[17] Gottfried, Heidi (1998), "Beyond Patriarchy? The Thoerising Gender and Class," *Sociology*, 32 (3).

[18] Johnson, Kay Ann (1983), *Women, the Family and Peasant Revolution in China* (Chicago: University of Chicago Press).

[19] Kandiyoti, Deniz (1988), "Bargaining with Patriarchy," *Gender & Society*, 2 (3).

[20] Maria Jaschok, Suzanne Miers (1994), *Miers Women & Chinese Patriarchy: Submission, Servitude and Escape* (Hong Kong: Hong Kong University Press).

[21] Moghadam, Valentine M. (2004), "Patriarchy in Transition: Women and the Changing Family in the Middle East," *Journal of Comparative Family Studies*, 35 (2).

[22] Stacey, Judith (1983), *Patriarchy and Socialist Revolution in China* (Berkeley: University of California Press).

[23] Walby, Sylvia (1989), "Thoerising Patriarchy," *Sociology*, 3 (2).

[24] Whyte, Martin King (1989), "Revolutionary Social Change and Patrilocal Residence in China," *Ethnology*, 18 (3).

[25] Yan, Yunxiang (2006), "Girl Power: Young Women and the Waning of Patriarchy in Rural North China," *Ethnology*, 45 (2).

[26] Zuo, Jiping, Yanjie Bian (2005), "Beyond Resources and Patriarchy: Marital Construction of Family Decision-Making Power in Post-Mao Urban China," *Journal of Comparative Family Studies.*

第三编

经营人类学

服务创出的礼仪体系：工作的人类学*

〔日〕八卷惠子/著　郑锡江/译**

【摘要】航空公司提供的服务是“空中移动”这一商品，这种服务是一种无形的商品。本文将服务定义为一种“信息”，将其价值交换体系视为一种服务提供者和接受者的共同创造活动，进而提出“服务价值模型”，解释客机乘务员如何将信息传递给乘客以创造有价值的服务。

【关键词】“空中移动”；工作的人类学；“服务价值说”；“信息价值说”

一　前言

本文以国际航班客机的乘务员为研究对象，对他们的工作岗位进行了参与式观察，是有关对人服务的人类学研究的报告。

航空公司是提供国与国之间“空中移动”服务的企业，属于服务性行业。乘客通过市场用金钱交换“空中移动”这一商品。机内服务是组织服务设计的一部分，而对人服务是一种经济交换，是企业直接接触顾客的媒介。对人服务一般通过身体表现提供价值。这样的交换因为每次内容不同，所以个人的体验也不相同。但是，在货币经济市场中，这样的交易是一元化的。

---

* 本文原载于《广西民族大学学报》（哲学社会科学版）2010年第5期，收入本书时有修改。

** 八卷惠子，文学博士，日本东京国际大学客座讲师，日本国立民族学博物馆共同研究员，主要研究方向：工作中的人类学、观光人类学、越境。郑锡江，经济学硕士，毕业于京都大学，主要研究方向：组织论、知识经营学。

“空中移动”与制造业生产出来的商品有着不同的特征，它无法触摸，无法通过眼睛直接确认好坏。购买该服务的乘客通过个人经历评价优劣，这种评价依存个人的主观判断。并且由于在国际市场中存在不同文化背景的乘客，在一国广受好评的服务却不被另一国接受，这样的例子不胜枚举。在本文中，笔者对购买“国际移动”这一商品的乘客和机内乘务员之间的交换进行了参与式观察，进而论述不同体验的价值在市场中与货币的一元化交换的结构。

二 “空中移动”这一商品的价值交换

根据英国经济学家 Clark （1945） 的产业分类，服务业为第三产业，包括金融、医疗、通信、信息、教育、运输、不动产、娱乐、饮食、零售业等在内的非物质的生产和分配。通过对大自然的劳作而获得生产物的农林水产业为第一产业，通过加工自然资源而获得生产物的制造业为第二产业。第三产业是不属于第一、第二产业的“其他的产业”。

第一、第二产业商品的特征之一是，它们可以通过目视手触确认价值。例如食物，其新鲜度可以根据测量收获后的时间来评价，其营养价值和质量值可以计量，其生产成本也可以计算。再如工业产品，其原材料、技术开发度以及生产成本都可以测定。这些产品的单位数量价值都可以被还原为货币——这一普遍记号——以在市场中进行交换。

文化人类学者梅棹忠夫（1963：47～48）提出，服务业的生产物被视为工厂生产物，在大量生产、大量消费的前提下适用货币市场的等价原理，所以服务业的生产物只被视为一种“疑似商品”。梅棹忠夫还认为，第三产业的经济交换价值是由社会性决定的，为了测量这一价值，有必要构筑新的原理模型。

本文以航空公司的服务为例。测定国际移动价值的方法之一是先计算出物理的移动距离和所需时间，然后除以其花的费用从而得出价值。然而，如今的消费者往往根据各自的主观感受来评价服务，进而测定其价值。转机的方便性、国际网络的健全性、机场设备的完备性、飞行的安全性、机内环境的舒适性、机内食品和娱乐设施的质量以及客机乘务员的服务水平都成为乘客期待的要素。乘客因移动目的的不同，所期望的要素也不同。根据舱位等级的不同，乘客期望的价值也不同。乘坐国际航班的不少乘客会由于语言不通之类的问题感到不安，或者由于对食物的好恶、身体健康状况、对服务的偏好等个人原因，产生不同的价值评判。他们对服务的期待价值也受到纷争、战争、病毒蔓延等国际形势的影响。另外，企业广告和业绩会使乘客产生先入之见，并据此与其他公司的同一商品做比较，从而影响个人的价值评判。

由此可见，区别于价值一元化的农产品和工业产品，我们有必要对“服务”这一概念进行重新认识。

三 信息价值说

梅棹忠夫在其著作中的论述并不完全针对“服务业”这一概念，他认为“信息产业其实是一项服务业”。他将信息产业定义为“所有从事制作、处理和买卖言语活动、言语性符号、形象信息、形象符号等信息的产业”（梅棹忠夫，1963：122～123）。

梅棹忠夫认为，不仅从发信者到收信者之间的信息交流被称为信息，而且所有的存在物都是信息。自然和社会本身也是信息，但它们自身无法传送，只有信息的接受者动员了感觉器官和神经系统后才能解读出信息中的意思，将其理解为信息。是否承认信息的价值全仰赖信息接收者的判断（梅棹忠夫，1963：192～193）。

“信息价值说”预示着“精神产业时代”的到来。人类产业的发展史经历了农业时代、工业时代和精神时代三个阶段。借用动物发生学的概念可以将其分别命名为“内胚叶产业时代”、“中胚叶产业时代”和“外胚叶产业时代”（梅棹忠夫，1963：73～74）。

农业时代是“内胚叶产业时代”，人们忙于食物的生产，这是使消化器官的机能得到充实的时代。此后的工业时代是“中胚叶产业时代”，人们生产各种生活物资，利用能源取代手足劳动，这是以肌肉为中心的器官机能得到充实的时代。近代西方经济学和马克思主义经济学诞生于工业勃兴的时代，以人类体力劳动的扩大解释产业原理的“劳动价值说”也符合以上人类史学的论调，通过市场进行的货币价值交换系统，适应了大批量生产、大批量消费体制，凭借制造业的发展促进了经济的扩张。

以上两者充实之后发展起来的“精神产业时代”被命名为“外胚叶产业时代”。这一时代以神经系统、感觉器官的机能的充实为中心课题。

进入21世纪后，第二产业开始第三产业化，第三产业的比例不断提高。这种第三产业的多样化就是梅棹忠夫所说的“信息产业”（梅棹忠夫，1963：39~70）——组织化地提供某种信息的产业的发展，也是Daniel Bell（1975）所说的“脱工业化社会”——经济活动的重心由物质生产转向服务提供的社会的显著现象。在人的精神和感觉充实的时代里，价值产生存在于五官传达的信息中。在这层迄今为止未出现过的新的意思层面上，人类社会可以变得更加富裕。但是为达到这一点，对于无法进行原价计算的东西，必须使其拥有价值创造的说明原理。

就此梅棹忠夫提出了“布施原理”。僧侣念经这一信息的价格不是由经文的长度、僧侣声音的好坏或僧侣敲击木鱼的劳动量决定的。在这层意思上，僧侣念经的价值无法被测定。而且念经是听过即逝，原则上没有两次同样的念经，但布施的金额基本能被客观地确定。

布施的金额视僧侣的地位和檀越的地位而定，即取决于两者的社会经济地位的交点（梅棹忠夫，1963：60）。请高明的僧侣来念经比较贵，自然不能将其和无名的新手僧侣相提并论。念经的交换价值必须考虑僧侣的名望程度。另外，檀越考虑到体面，会根据自身的社会阶层、交友档次来确定合理的布施金额。这种“布施原理”可以作为通过原价计算无法成立的“信息”（如艺术作品、演出费、稿费）的价值的决定原理。

四　服务价值说

笔者借用梅棹忠夫的“信息价值说”和“布施原理”，将服务定义为一种“信息”，提出了以下服务价值决定公式：

服务他人之心（Creativity）×感知恩惠之心（Literacy）＝心心相印之服务（Co-creativity）

笔者称这一公式为“服务价值说”。

“服务他人之心”里附含着文化的价值，旨在创造服务价值，相当于英语里的Creativity。“服务他人之心”需要既立足于多样文化，又努力应对客人的个别要求，力求将服务升华到不落窠臼的独创性艺术的高度。

如果依照“信息价值说”的理论来解释“服务价值说”，那么服务的价值取决于服务提供者和接受者双方构筑的社会关系的交点上。“服务价值说”的含义是，服务的提供者和接受者按照同一规范理解信息，在体验服务中通过信息互换共同创造价值。在服务提供者和接受者拥有共同的“服务理解能力”并确定理想的关系时，有价值的服务才被创造出来。在双方的价值观发生偏差、信息得不到理解时，就很难形成有价值的服务。

仿照“劳动价值说”理论中的说法，在脱工业化和服务产业的时代，信息和服务成为牵引经济发展的动力，“信息价值说”或者“服务价值说”将成为其说明原理。也就是说，依照货币价值进行市场交易的经济构造发生了变化。为了创造出“心心相印之服务”，必须具备公平性、伦理观和美学等因素。另外，作为服务的接受者也必须具备相应的“服务理解能力”。为此，企业有必要向顾客公开服务内容的信息，企业也必须具有传达服务情境的能力。服务体验的价值是提供者和接受者通过信息交换和五官感受共同创造出来的。这正是新时代下创造出的服务。

五　作为礼仪执行者的服务实践

待客服务和异人款待有相似之处。Peyer 认为，古代异人款待的形式和观念跨越时代和文化圈，有很多相似之处。古代社会的原始款待（Primitive Hospitality）在世界各处都能被发现，古代人把不属于自己的社会的异邦人错当成神灵来访，为防止他们施展魔力而战战兢兢地迎接款待。异邦人将此当成与当地社会建立通商、通话等友好关系的契机，或为了谋求魔力和宗教上的利益。另外，面向异邦人和巡礼者的客人厚遇（Gastfreundschaft）在公元前 7 世纪的亚洲、公元前 6 世纪的希腊等商业发展较早的地区也曾出现过。这些客人厚遇可能是免费的，也可能是收费的；可能是提供食物的，也可能是不提供食物的。客人厚遇的实际水准存在差异（H. C. Peyer，1997）。

无论是什么时代还是什么社会，在款待客人的时候都存在礼仪、规矩和禁忌。在现代服务业中，为把招待变成一种企业商品，企业把包括服务担当者的身体、言语表现在内的所有细节都编入手册，将其程序化，试图对从业人员的精神面貌也进行品质管理。自古以来服务就被礼仪体系化，在服务中有礼仪程序、固定的用具和服饰。服务里含有场景设定，服务的形式也很重要。企业在设计服务时实际上也就是在构筑某种礼仪体系。

在服务被提供时，礼仪体系通过身体表现完成。此时，国际航班的客机乘务员应该照顾到有不同文化背景的乘客的价值观。在国际化的公共空间里，国家、民族、语言、宗教等文化差异往往成为引发误解的因素。一方面，由于多文化环境下的“服务他人之心”的难以传达，“心心相印之服务”难以实现；另一方面，在创造“心心相印之服务”的同时，也创造了工作中的乐趣。

例如，茶道家、日本文化史学家熊仓功夫曾说过：“茶汤的主人费尽心机款待客人，其实最乐在其中的却是茶汤主人自己。”熊仓功夫于2008年3月10日在日本京都大学服务创新人才育成推进项目高度专门服务研究会上发表了演讲——《茶汤的服务》。一方面，茶汤主人为了款待客人准备各种食物，用时令的花卉装饰环境；另一方面，作为礼节，客人要能体察到主人花费的创意心思。只有在共有“服务理解能力”的环境里，非日常的情境才会出现，才能体验到一期一会的乐趣。“服务他人之心”和“感知恩惠之心”的双方能力越高，越能体验到高档次的服务，这种能力是和对艺术性、创造性的理解相通的。当体验到人生只此一回的特别服务时，服务接受者会充满感激，服务提供者会感到工作的价值和充实感。

因为“感知恩惠之心”能表现在人的动作、表情和态度上，所以语言的差异大抵成不了沟通的决定性障碍。归根结底，企业为了创造出服务的世界观，往往进行情境设计、服务程序编写、手册制作等礼仪体系的构筑。但在和顾客接触的现实服务中，为实现“心心相印之服务”而提供的信息传递和价值创造的手法有优劣之分。

六　服务价值模型/ABCDE模型

负责机舱内服务的客机乘务员的工作包括危机管理业务在内的待人服务，这种工作的实施凭借的是身体表现。像航空公司这样在全球展开活动的企业，其服务的品质管理、服务程序和服务手册在某种程度上实现了一元化，麦当劳化（Ritzer，George，1999）很普遍。但同时，很少有人思考何为多元文化价值混杂的工作的正确规范和做法。客机乘务员拥有各自在成长经历中积累起来的习惯（Habitus）（Bourdieu Pierre，2004：88）和作为其背景的文化羁绊，这些东西即便通过训练也不容易被磨灭。作为理想，服务最好能满足每位乘客的需要，但是处于摸索阶段的新人往往做不到这一点。在和异文化背景乘客产生摩擦的场合，按照个体需要而提供临机应变的服务被推荐，为此，在服务现场的乘务员的主观判断必须得到尊重。一直采取迎合对方的"服务他人之心"的信息传递方式通过实践累积经验，这样就能渐渐培养读取对方信息的能力，变得善于应对顾客。这种服务理解能力是不会写在业务手册或企业规章里的。笔者主要基于2002年4月到2007年3月的参与式观察和连续的采访调查的结果，提取客机乘务员的工作规范要素，并将其整理为5类，构筑了一个模型。笔者称之为"服务价值模型"或取其英文首字母而称之为"ABCDE模型"（见图1）。

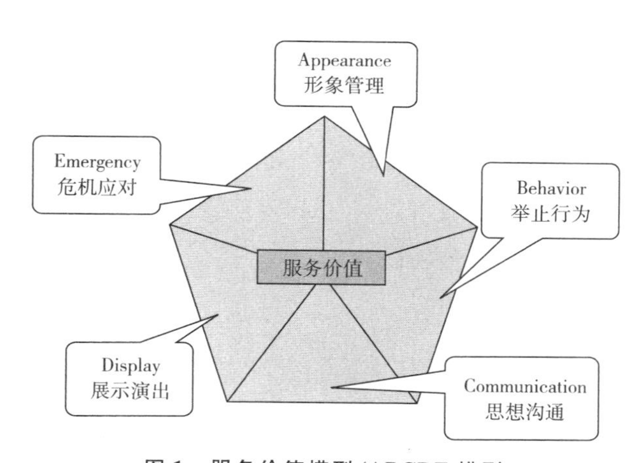

图1　服务价值模型/ABCDE模型

A. 形象管理（Appearance）。形象管理指的是对服务者的外表、仪容、表情和态度等要素的管理。除维持个人的清洁以外，还要树立企业的良好形象。

B. 举止行为（Behavior）。举止行为指的是行为、举止、品行、态度和礼法等要素。服务者应该表现出社会人应有的举止行为，具备专业的待客技术，遵循礼仪礼法以待人接物。

C. 思想沟通（Communication）。以言语沟通、非言语沟通两种形式，通过报告、联络、商谈等方式促进组织内沟通，通过和客人的往来促进相互理解。思想沟通旨在维护工作空间的安全、规范，创造良好的工作环境。

D. 展示演出（Display）。展示演出指的是服务空间和外观的装饰。通过道具摆饰、装饰装修等，提高符合企业形象战略和服务战略的广告效应。

E. 危机应对（Emergency）。安全优先于服务。无疾病、无伤害、无事故是服务业的前提。对安全问题要做到防患于未然，以早期发现问题，正确应对问题。

Goffman Erving（1974）认为，人作为行为的实行者总是扮演特定的角色，对于观察自身行为的他人，往往进行形象操作（Impression Management），希望自身的形象能被他人接受。形象操作也是企业服务设计的重要课题，安排服务时要充分考虑到形象操作的效果。企业必须把顾客和直接接触顾客的客机乘务员当成体现企业形象的主体，对服务进行品质管理。“服务价值模型/ ABCDE 模型”的目的是更好地把“服务他人之心”转达给乘客，其是关于通过身体表现来传达信息的具体方法的指示。通过企业内训练虽然能把服务的模板和禁忌传授给乘务员，但在实际操作中还是必须由客机乘务员加以判断。在实践中，包括打招呼、应对不满投诉的方法在内，都应该考虑到顾客的文化价值和规范，进行身体表象和言语表现的形象操作，为此，只有在实践中一点点地学习规则规范，一点点地磨炼自身的服务技术。很多客机乘务员谈到通过企业训练大家早晚都能胜任麦当劳式的工作，但待人服务的精髓经过数十年的磨炼也未必能掌握。

七　结语

服务不是通过货币交换获得的东西，而是共同创造价值的劳作。为了创造出“心心相印之服务”，服务提供者必须多加修炼，掌握高效的“服务他人之心”的信息传达技能。在服务价值模型/ABCDE 模型的大框架下，企业内训练的目的是对服务商品的品质管理。为了成为服务的老手，必须通过不断修炼提高技能。

但是，这种修炼绝不是辛苦的东西。笔者在参与式观察和采访调查中得知，很多客机乘务员把修炼看成“自己工作的乐趣”。虽然当受到不满投诉时，当和同事不和时不少乘务员会觉得腻烦，但在和多文化背景乘客每天的接触中，其渐渐变得能宽容地看待事物。

例如，有着30多年工作经验并负责培训新人的一位乘务员说，“在头等舱里扮演‘女官’的角色，非常新奇而令人愉快”。这位乘务员认为，在服务的工作空间里掌握主动权的是自己，通过对自己和环境的形象操作向客人传达“服务他人之心”这一信息，会令客人觉得感激。这样的工作非常有趣。这份乐趣和茶汤主人的乐趣一样。待客技能高超的乘务员能有意识地站在乘客的角度思考，通过积累经验进一步提高信息传达的技能，并且其大都乐在其中。

从顾客的角度看，为了体验到“心心相印之服务”，其必须具备理解信息的能力，这种教养只有通过教育才能获得。由于个人的成长经历、生活环境、人际关系、价值观和感受性的不同，其对同一信息的理解也不尽相同。服务理解能力可以通过后天学习培养。多次体验优质服务和劣质服务后，人的感觉会变得敏锐，对情境规范的理解能力会得到增强，这样便可以享受到更高水平的服务。根据梅棹忠夫的信息价值说，人们之所以能理解信息，是因为人们动员了感觉器官和神经系统。是否承认信息的价值完全由信息接收者的判断而定（梅棹忠夫，1963：192～193）。高度的服务理解能力的共有不仅指场景规范的共有，也是人们的美学、哲学的共有。

没有实物价值，却以内心满足为价值的服务有很多，例如观光、护理、各种家政代办服务、运动俱乐部、美容沙龙、出租农场和同人（有共同兴趣的人）活动等，这些能让人感受到生活乐趣的服务业将在21世纪加速成长。出售特价飞机票的航空公司也因为满足了部分乘客的需求，建立了“心心相印之服务”的礼仪体系。

通过服务提供者和接受者的相互作用共同创造出来的价值是一种无法被还原成经济因素的富足，这种价值根据不同于货币等价交换的互酬性原理实现。这种价值交换的原理就是“服务价值说”，它将把我们带入21世纪的脱工业化社会。

参考文献

[1] 梅棹忠夫（1963）：《信息产业论——外胚叶产业时代的黎明》，载《2008 信息的文明学》，中央文库。

[2] Bourdieu Pierre（2004）：《实践感觉 1》，今村仁司、港道隆译，今村仁司・港道隆訳，篠竹书房。

[3] Clark Colin G.（1945）：《经济进步的诸条件》，金融经济研究会。

[4] Daniel Bell（1975）：《脱工业社会的到来——社会预测的尝试》（上、下），内田忠夫译，钻石社。

[5] Goffman Erving（1974）：《行为和演技——日常生活中的自我呈示》，石黑毅译，诚信书房。

[6] H. C. Peyer（1997）：《异人款待的历史——中世纪欧洲的客人厚遇、酒吧和客栈》，丰收社。

[7] Ritzer，George（1999）：《麦当劳化的社会》，正冈宽司译，早稻田大学出版社。

[8] Ritzer，George（2001）：《麦当劳化的世界——其主题是什么?》，早稻田大学出版社。

日本的经营人类学*

吴咏梅**

【摘要】本文介绍了经营人类学自20世纪90年代以后在日本的发展状况及其内容，指出了日本跨国企业本地化经营视角的经营人类学和日本“公司文化”及其背后的象征性宗教伦理的经营人类学的区别，通过重点介绍日本国立民族学博物馆中牧弘允教授、京都大学日置弘一郎教授主持的一系列有关企业文化的经营人类学研究，揭示日本经营人类学对中国企业人类学研究的借鉴意义。

【关键词】经营人类学；日本；公司文化；宗教

一　经营人类学

经营人类学是把文化人类学的理论和方法论运用到企业领域的一门新兴学科。通过参与式观察、非正式和事先设计好的正式访谈以及人类学的其他田野研究方法，经营人类学主要关注的是自近代以来的传统仍然存在的企业共同体的运营情况，特别是传统文化意识形态、家族制度、宗教与经营理念的关系、企业的市场营销、消费者行为、组织理论/文化、人力资源和国际商务（国际营销、跨文化管理和跨文化传播）等课题。由于民族志的观察研究、跨文化研究的分析法、传统的经济学和市场研究的方法、消费者评估和产品发展分析、互联网的利用以及集中的小组讨论和访

---

* 本文原载于《广西民族大学学报》（哲学社会科学版）2010年第5期，收入本书时有修改。

** 吴咏梅，哲学博士，北京外国语大学北京日本学研究中心副教授，主要研究方向：文化人类学、文化社会学。

谈等手段均为经营人类学家所采用，因此可以说这是一门新兴的综合了文化人类学、经营管理学、经济学、广告、人力资源学、消费者心理学和社会学等专门领域的跨专业学科。

以下本文将主要通过文献研究，介绍日本经营人类学的研究史及其现状，重点突出国立民族学博物馆自20世纪90年代所开展的一系列关于企业文化的共同研究。

二　日本的经营人类学研究

在日本，最早提出“经营人类学”这个名词的是千叶大学名誉教授、商学博士村山元英。村山元英于1962年获得哥伦比亚大学商学院的MBA学位后，在美国一家大型跨国公司的纽约、洛杉矶和东京分公司积累了丰富的跨国企业经营的实务工作经验，20世纪70年代回国任教。他在1989年出版的《经营的海外转移论：通向经营人类学的道路》一书中，首次提出了“经营人类学”的概念，此后又出版了《经营人类学：具有动物性精气的人之说》（1998）、《亚洲经营学：国际经营学/经营人类学的日本原型及进化》（2002）、*Business Anthropology*：*Glocal Management*（2007）等著作，通过对日本跨国企业在韩国、马来西亚、新加坡等亚洲国家的经营环境的实证研究以及对日美企业的比较研究，认为国际经营学中对文化的探求以及对人之经营行为的研究起源于日本，这种研究是被推广到世界的“经营人类学”。他指出，日本文化的价值论特性是日本公司经营的价值基础，它受日本的自然风土和外来文化的影响，因此日本的经营历史可以从环境论的观点来进行分析。日本企业文化的特色是使外来文化的日本化原理与日本经营者的传统伦理观相结合，亦即通过国际化与本地化的融合，产生一种“日本经营者的经营哲学”。这种追求“经营战略和经营哲学一体化”的企业文化可以成为世界的楷模（村山元英，2002：218）。

另外村山元英还指出，日本企业的经营特点以及成功之处在于江户时代开始延续下来的封建的人际关系的集团忠诚心，其成为现代日本组织制度以及企业内部个人行为的核心特征，“终身雇佣制度”、“集团经营的动态主义”和“经营的家族式组织”等形式成为日本式经营的起源。“忠诚心”、“仁德”和“正义”这些对应封建领主和天皇制的儒教原理，仍然残存在今天的公司和个人的社会化当中。尽管这些传统的价值观被认为是封建的东西而遭到批判，但是诸如日本的“终身雇佣制度”直接关系到公司员工的生活保障，如果被正确利用的话，则能够成为与经营的指导能力相关的理念性原则，因此，亚洲各国特有的封建主义的传统价值观，虽然有可能成为现代化经营的障碍，但从本地主义经营的观点来看，这些价值观具有协调整个公司经营效果的作用（村山元英，2002：34）。可以说，村山元英的“经营人类学”是侧重于跨国企业本地化经营的“国际经营学”。

三　国立民族学博物馆的经营人类学共同研究

与村山元英的研究视点不同，国立民族学博物馆（简称民博）的中牧弘允教授和日置弘一郎教授从1993年开始主持的融合人类学和经营学的一系列关于企业文化的共同研究，可以说真正开创了日本的“经营人类学”（Anthropology of Administration）抑或“企业人类学/公司人类学”（Corporate Anthropology）的创新性研究。

中牧弘允教授是研究宗教人类学的专家，在其于1992年出版的《从前是大名，现在是公司——企业和宗教》一书中，他根据自己长期以来对葬礼和坟墓的研究，指出了解现代日本社会首先需要从“公司主义”这一体制入手，从比较文明学的视点进行历史性的考察。为了进一步阐明日本“公司文化”的特点及其背后的伦理，中牧弘允教授与京都大学经营学部专门研究组织理论的人类学家日置弘一郎教授从1993年起共同组织了题为“公司与工薪职工的文化人类学研究”（1993～1994年）、“公司文化与企业博物馆的人类学研究”（1996～1997年）、“公司文化和公司仪式的人类学研究”（1998～1999年）、“关于公司文化全球化的人类学研究”（2001～2002年）、“经营文化的日英比较：以宗教与博物馆为中心”（2002～2004年）、“公司文化与宗教文化的经营人类学研究”（2004～2005年）、“关于公司神话的人类学研究”（2005～2007年）、“关于产业和文化的经营人类学研究”（2007～2008年）等的一系列研究，组织了相关领域的学者和专家，以日本公司为田野研究的对象，不仅从民族学和民俗学的角度，而且还结合经济学、经营学、社会学和心理学的研究视点及方法论，开拓了针对企业及其员工的“经营人类学”的新领域。

这些共同研究的成果也以“经营人类学系列丛书”的形式，由大阪的东方出版社等陆续出版面世。如今已经出版的书目有：《经营人类学初始知识：公司与工薪职工》（1997）、《公司葬礼的经营人类学》（中牧弘允，1999）、《公司人类学 1》（中牧弘允、日置弘一郎、广山谦允、住原则也、三井泉等，2001）、《公司人类学 2》（中牧弘允、日置弘一郎、广山谦允、住原则也、三井泉等，2003）、《企业博物馆的经营人类学》（中牧弘允、日置弘一郎，2003）、《公司的神与佛：经营与宗教的人类学》（中牧弘允，2006）、《公司文化的全球化：经营人类学的考察》（中牧弘允、日置弘一郎，2007）等。现将中牧弘允、日置弘一郎教授及其研究小组的主要出版成果及研究课题的内容简单介绍如下。

1. 《公司葬礼的经营人类学》与《公司的神与佛：经营与宗教的人类学》。前者通过对 20 多家公司的“公司葬礼”（简称社葬）的参与式观察，附以明治以后的死亡广告的详细数据，从历史和现状两个方面考察了社葬的变迁。在第一部“社葬的成立和展开”中，该书作者介绍了什么是社葬，并历史性地叙述了社葬的成立和发展过程。在第二部“社葬的各种状况中”，该书作者主要按年代介绍了三井家族、鸿池家族、东映公司、大成祭典、松下电器、静冈新闻等公司的社葬以及处在社长地位的大川博、松下幸之助等人的社葬，考察了“社葬”在特殊空间和地域的各种含义。其并不是从普遍性的资本伦理来研究以追求利润为目的的公司，而是把它视为具有各种各样的人生观和世界观的公司职员集合在一起的共同体，试图理解在公司固有价值体系的指导下其的行为模式。就“社葬”而言，它是日本公司文化的一个环节，是凌驾于故人的信仰和丧失家庭宗教信仰之上的、将公司独特的理念和存在意义告示于公司内外的仪式。换言之，它是公司主导的对去世的高层经营管理人员进行表彰和告别的葬礼。在这个仪式上，公司的等级制度、坚固的组织体系、对内要求员工的忠诚、对外要求与其他公司的交往的统制得到了充分的展示，从而确保了公司的威信。后者进一步以建造在公司屋顶上的神庙、公司领地内的墓地、新职员加入公司时的“入社仪式”、公司永存和再生的仪式“社葬”为例，从经营人类学的观点出发，剖析日本公司 = 社缘共同体[①]。另外，后者还涉及祭祀神佛、入社仪式和社葬有哪些不为人知的意义等有关日本式经营文化的本质问题。

2.《公司人类学 1》和《公司人类学 2》。这两本书从社长室的某个角落、发型、女办事员的午休、公园里的午餐、跳舞的工薪员工等话题入手，描写了公司和神灵、公司的情人节、地震灾害后的神户、体育援助、手机、女性的社会参与、响应学校变化的公司等现代企业的百态图以及与工作相关联的文化，探索了在日本企业、个体经营的小商店工作的人们所处的生态环境。

3.《企业博物馆的经营人类学》。“社缘”，即公司员工之间的缘分，是为了理解现代企业这个共同体当中的人际关系而被创造出来的关键词。该书运用民族志的方法，集中探讨公司的“社缘”，厘清公司文化的实际状况。为此，该书以 350 家专门介绍本企业的历史和事业、创业者的丰功伟绩、产品生产过程的说明、新技术的解说和商品的特征、企业理念和社会贡献等的企业博物馆为突破口，通过实地调查找出这些企业博物馆共同存在的课题，探讨建构公司文化的理论的可能性。

因为企业博物馆是公司陈列其最珍视的物品的设施，中牧弘允教授将它比喻为“神殿”，认为它是将公司进行神圣化的一种装置。企业博物馆大致具有展示企业事业和陈列技术及产品、介绍公司创业以来的历史和业绩的两种功能。前者与现在有关，主要以公司的繁荣发展为目的，而后者拘泥于过去，主要以表彰过去的业绩和安魂为目的。从这个意义来讲，企业博物馆的事业展示的部分和历史展示的部分，正好对应于公司当中祈祷事业昌盛和安全的神社和祭祀过世员工魂灵的墓地这两种神圣的设施。如果日本的企业博物馆被视为世俗的设施，那么其中也包含神和佛的二分法。

4.《经营文化的日英比较：以宗教和博物馆为中心》（中牧弘允，

① 中国一般将人们因某一职业或工作关系的联系而结成的社会群体称为业缘群体，在现实社会中，业缘群体存在多种形式，如涉及学校、工厂、企业、军队等。日本文化人类学通常将在公司（会社）形成的人际关系称为“社缘”（会社的缘分），本文按照日本的习惯说法，将在公司形成的人际关系翻译成“社缘”，由这种关系形成的公司共同体为“社缘共同体”。

2008）。该书主要以宗教及企业博物馆为焦点，从比较文明论的角度探讨英国和日本两国经营文化的异同。英国是世界上最早进行产业革命的国家，它在传统的共同体意识的影响下，形成了有特色的近代经营文化。这与共同体式的“日本式经营”具有可比之处。该书选择工厂制度发达的伯明翰、成功实现了传统陶器产业的近代化的斯托克·恩托联妥以及虽未实现工业化但深受信息化影响的科措奥尔兹为调查地，用人类学的手法探究在现代资本和技术的影响下，具有悠久历史的传统工业是如何变化的，它的经营文化又有什么特点。

关于宗教，在日本，神道教和佛教在赋予商业以神圣的价值方面起到了一定的作用，该书主要从宗教和经济不可分的观点来考察英国宗教与商业的关系。以在产业革命中为铁生产技术的开发做出巨大贡献的库埃卡为调查地，厘清库埃卡的同胞意识对经营文化的影响，以及公司的等级结构如何与共同体意识调和。为了观察工作和公司事业的“神圣化”，该书以企业博物馆为调查对象，分析得出了“工作和公司事业并不是单纯为了经济目的，也是为了实现宗教理想和理想的生活”的结论。

5. “公司文化与宗教文化的经营人类学研究”（2004～2005 年）。该研究的主要目的是进行现代公司文化和宗教文化的比较。全球化是现代社会的最大特征，它在公司和教会这样的组织中表现得较为显著。这两种组织在管理方面具有共同性，在日本其尤以具有共同体性质而被认为组织结构具有共性。另外，在全球化浪潮的冲击下，公司和教会的结构变化也是必然的。该研究以与全球化现象相关联的题目为焦点，采用经营 = 系统运营的文化这一经营人类学的方法论，具体进行企业创业者（教会创始人）、企业伦理（宗教伦理、灵性）、市场开拓（传教）、公司、宗教经营等方面的比较研究。

在一年的共同研究中，国立民族学博物馆共举行了十次发表会，共同研究员就日本城市里的节日仪式和丧葬产业，创业家的信仰、公司里的广播体操、早晨的开业仪式、慰问仪式、运动会、制服等后勤文化，美国天主教中的异文化传教等宗教经营学问题，以及日本广告公司的创造性与束缚、公司职员形象的异化、老字号企业的继续经营等问题进行报告，主要从两个视角对公司和宗教进行对比。一个是公司文化如何把宗教导入经营之中的观点，具体事例有日本八幡制铁所的“守护神祭祀”、美国企业开始导入的“精神动力”、影响英国超市空间结构的英国国家教会的空间配置、在酱油文化的普及中起到一定作用的素食食品等。另一个是考察经营在宗教文化中起到什么样的作用。具体有关于中国潮州华人的商业网建构与德教之间关系的分析。

6.《公司文化的全球化：经营人类学的考察》。该书是基于2001年度的共同研究“关于公司文化的全球化之人类学研究”的研究成果。其中，40名经营人类学“民族志家”和经营学者为了研究公司文化的全球化现象，奔赴日本海外各地调查日资企业以及外国跨国企业的经营战略和生产体制，他们有的为了了解某公司的日常生活而成为该公司的职员并和其他员工一起工作，有的在零售店倾听消费者的声音。他们聚集在每年召开的五次研究会上，各自发表在田野研究中的发现和心得体会。该书由这些共同研究员的投稿论文汇编而成。

该书主要从流通产业的全球化、文化的销售以及跨国企业的本地化三个角度展开讨论，涉及的事例有：在中国香港和英国展开把宗教理念用于超市经营的独特国际化经营战略，既品尝到成功的荣耀又经历了破产之辛酸的八佰伴超市；把“服务精神”引入中国，给中国消费者的日常购物行为带来巨大变化的家乐福超市；回转寿司和酱油等在海外实现了令人瞩目的全球化的日本食品产业；广播体操、运动会和慰问旅游等日本国内已经不太时兴的公司活动，被转移到海外分公司并被维持下去的实况；雅马哈发动机在欧洲、美国和中国的经营比较等。

7.《产业和文化的经营人类学研究》。产业和文化的相乘效果近年来越来越被政府、产业界和文化团体所重视，产业活动和城市行政的关系，也从优先发展经济、轻视文化的理念逐渐转变为谋求产业和文化融合的城市建设，以振兴文化产业为口号的城市也越来越多。产业和城市都是文化创造的承担者，同时也是互相合作的伙伴，因此，有必要将企业文化放在企业与城市的文化政策之间的协调关系中来理解。对于产业文化的自觉形成以及文化创造产业与城市的协调，近年来以“企业的社会责任（CSR）”“创造都市”“创造产业”“文化产业”为口号的经营学、经济学和城市规划等领域的研究开始受人关注。这篇报告从经营人类学的立场出发，以自觉意识到文化的企业活动和城市经营为研究对象，实证性地探究产业和文化的相关关系，力图搞清企业经营手法与产业及文化协调关系中的价值观和世界观。

研究对象主要包括以下三个领域：中国环渤海经济圈内产业和城市文化的创造及文化交流现象；中、日、韩三国关于世界遗产的产业振兴和文化复兴战略；以文化活动为轴心的产业和城市间的协调互动关系。在领域一，该报告以中国大连经济技术开发区为对象，从文化创造和文化交流的视角出发，重新审视了产业和城市的关系。首先分析了日资企业的“本地化经营”的变迁情况，重点探索了地域社会和地域文化对企业文化的形成带来的影响。其次调查了个别日资企业或像JETORO大连事务所这样的组织在城市建设和经营中所起到的作用。在领域二，主要以日本纪伊山的灵场和参拜道路，中国的泰山，中国曲阜的孔庙、孔林和孔府，西班牙的朝圣之路“雅各之路”等世界文化遗产为对象，探索传统文化的振兴与现代化产业的开发和文化创造之间的关系。在领域三，聚焦庙会、节日这样的文化活动，调查了青森县的“睡猪节”、德岛市的“阿波舞”和高知县的“Yosakoi舞”，这些节日被作为当地文化的一种旅游资源，吸引了企业、媒体、工商团体的共同参加，从而揭示了分析观光产业与都市之间协调关系的新的理论框架。

综上所述，以日本国立民族学博物馆的中牧弘允教授为首的人类学家开创的“日本经营人类学”在方法论上有以下特征。①经营学历来把企业当作“利益共同体”来进行考察，而经营人类学重点考察的是企业作为“生活共同体”的侧面。即便企业是以营利为目的的组织，它也是人们进行各种活动的场所，经济合理性能够规定“公司人”的行为，但是其他的很多价值标准也能决定人们的行为。②从广义的意义上把组织作为“文化的存在”来理解，公司这一组织在很大程度上受历史、民族、地域等文化特性的影响，同时它也是创造新的文化的“主体”。③个别企业是具有独特的时间观和空间观的“整体”，应尽量理解每个公司的整体形象。④研究的视点并不局限于组织经营者的观点，还应将其纳入该组织成员的视点，更需要综合考察该组织所在的地域社会、民族、文化等要素，因此，这种研究自然而然是综合了人类学、经营学、社会学、经济学和历史学的跨学科研究，注重通过参与式观察和访谈等手法，接近当事者的“主观”，揭示主体与对象之间的“相互主观性的意义解释”。⑤重视文化相对主义的立场，在理解现象的时候，并不采取“要素还原主义”，尽量努力把握现象的“全体”。在分析的时候，不采用“理论—演绎”或“假说—验证”的手法，而是采用“现象—解释（记述）—归纳”的分析方法。在记述现象的时候，尽量避免“原因—结果”的因果式说明，而采用“故事形成—意义了解”的解释主义方法。

除此以外，作为“经营人类学”的最新研究动向，民博“经营人类学”共同研究小组的主要研究成员、天理大学国际文化学部的住原则也教授和 PHP 综合研究所经营理念研究本部合作，组织了一些少壮派研究者，从 2006 年 4 月起连续两年举办“经营理念继承研究会”。这个研究会的研究成果于 2008 年 6 月出版成书，书名为《经营理念：继承与传播的经营人类学研究》。该书不仅从理论的角度对经营理念进行了探索，还以详尽的事例研究展示了各企业是如何继承和传播其经营理念的。PHP 综合研究所是松下电器创始人松下幸之助为了追求和实现世人的繁荣、和平和幸福（Peace and Happiness through Prosperity）而在京都建立的研究机构。

从 2010 年 4 月开始的三年内，民博的中牧弘允教授又牵头组织了一个以上海世博会为研究对象的共同研究项目。其旨在通过经营人类学的手法，将上海世博会视为展示和体验都市文化和都市生活未来图景的博览会，来验证围绕城市经济发展、科学技术和社区建设的世博会之多元文化的理想模式。其参照近年来世博会中非营利的 NPO 和 NGO 的参加形态，将上海世博会中 NPO/NGO 的活动作为都市文化和都市生活的主角来进行分析。另外，除了博览会会场上的无障碍设施外，这个共同研究还将思考在现在和未来的都市经营和博物馆经营中城市生活无障碍的课题。

四　结语

从上述对国立民族学博物馆经营人类学的一系列研究的介绍中，我们可以发现民博的经营人类学比较重视研究企业文化与宗教之间的关系，注重用宗教的象征性意义去解释企业的经营行为。近年来随着经济全球化的发展以及文化产业的兴起，民博的共同研究也开始从企业经营与宗教的关系过渡到跨国企业的本地化经营、文化产业的创新中产业与城市的互动等炙手可热的课题。比如以国际化超市八佰伴集团为对象，指出其“经营理念”未能成功影响员工行为，使总裁将集团打造成一家无国界企业的愿望落空，相反强调种族意识及种族身份认同的二元人事制度，使八佰伴成为一家“本民族中心主义”色彩极浓的日本企业，从而导致这家企业成为本地化经营失败的案例（王向华，2004）；世界文化遗产和传统节日对文化创新和观光、数码软件等新兴文化产业的影响和互动关系的研究（中牧弘允，2008，2009）、经营理念与传统哲学文化之间的关系（住原则也、三井泉、渡边祐介，2008）、即将展开的上海世博会的研究（中牧弘允，2009～2012）对中国正在发展中的企业全球化研究和国际经营学研究、中国企业文化研究、新兴文化产业建设、文化城市建设问题和公共政策制定都有积极的借鉴意义。

参考文献

[1] 村山元英（2002）：《亚洲经营学：国际经营学/经营人类学的日本原型及进化》，文真堂。

[2] 王向华（2004）：《友情与私利——香港一日资超市的人类学研究》，风响社。

[3] 中牧弘允（2006）：《公司的神与佛：经营与宗教的人类学》，讲谈社。

[4] 中牧弘允（2008）：《经营文化的日英比较：以宗教和博物馆为中心》，2002～2004年科学研究经费项目研究成果报告书。

[5] 中牧弘允（2009）：《产业和文化的经营人类学研究》，2007～2008年科学研究经费项目研究成果报告书。

[6] 中牧弘允（1999）：《公司葬礼的经营人类学》，东方出版。

[7] 中牧弘允（1992）：《从前是大名，现在是公司——企业和宗教》，淡交社。

[8] 中牧弘允、Mitchel Sedgwick（2003）：《日本的组织——社缘文化和非正式活动》，东方出版。

[9] 中牧弘允、日置弘一郎（2003）：《企业博物馆的经营人类学》，东方出版。

[10] 中牧弘允、日置弘一郎（2007）：《公司文化的全球化：经营人类学的考察》，东方出版。

[11] 中牧弘允、日置弘一郎、广山谦介、住原则也、三井泉等（2001）：《公司人类学1》，东方出版。

[12] 中牧弘允、日置弘一郎、广山谦介、住原则也、三井泉等（2003）：《公司人类学2》，东方出版。

[13] 中牧弘允、佐々木雅幸、综合研究开发机构（2008）：《向创造价值的城市发展——文化战略和创造城市》，NTT出版社。

[14] 住原则也、三井泉、渡边祐介（2008）：《经营理念：继承与传播的经营人类学研究》，PHP综合研究所。

第四编

老龄社会

老龄社会的长寿制造：伦理情感与老年医疗支出的关联*

〔美〕莎伦·考夫曼/著　余成普/译**

【摘要】老龄化的社会、不断发展的延长生命的医疗干预、老年医保政策以及个体决策的伦理共同造就了美国日益严重的社会紧张局势：一方面要控制医保费用，另一方面要促进健康消费者使用生命维持技术。这些制造长寿的活动，就像其他的医疗实践一样，展现了生命管理、新的伦理态度和社会参与状况。这些活动——包括处理风险的必要性、对于循证干预的难以言"不"以及在临床条件下做出选择的义务——也处于卫生资源配给和改革的论争中心。心脏手术、器官移植和癌症治疗是延长生命的三个成功范例，也是产生现实社会困境之标志。医学人类学的视角揭示了生命制造与医疗支出之关联，也彰显了对基于年龄配给医疗资源的持续讨论。

【关键词】年龄配给；医疗改革；个体伦理；自我保健

一　伦理情感与老年医疗支出

随着医疗改革，尤其是国家老年人医疗保险制度改革成为奥巴马政府

---

* 本文原载于《广西民族大学学报》（哲学社会科学版）2014年第1期，收入本书时有修改。原文最初发表在英国《医学人类学》杂志（*Medical Anthropology*）2009年第4期，感谢Taylor & Francis集团（网址：http：//www.tandfonline.com）允许重刊此文（编号：P101912-04）。

** 莎伦·考夫曼，美国加州大学旧金山分校医学人类学教授，主要研究方向：医学人类学、老年人类学。余成普，安徽金寨人，中山大学社会学与人类学学院副教授，主要研究方向：医学人类学、医学社会学。

的头等议事以来，成本控制就成为一个紧急的难以克服的问题。基于年龄的医疗资源配给也继续成为社会紧张的一个关键点，且缺乏化解之策。医学人类学的视角将为这些问题的化解提供社会文化方面的洞察力。

各种各样旨在延长老年人生命的干预措施增长迅速，它正在改变着美国许多医学专业的面貌。常规的和新兴的治疗比以往任何时候都让老年人活得更久。接受外科手术或其他能延长寿命的非初级医疗干预的人的平均年龄也在上升。确实，八九十岁的老人成为外科病人中增速最快的一个群体。越来越多的医学文献也在极力地为这些种类繁多的医疗手术辩护，认为它们给 80 岁以上老年人群带来益处。这些实践正在改造已有的医学知识以及我们对“正常的”老年时期、普通治疗和死亡时间的社会期望。比如，医学的成功已经促使我们普遍地认为医学技术几乎一直能让人健康永驻；医生和病人也以相似的方式认为身体在任何阶段都是可塑的、疾病是能治疗的；死亡不再被人们所预期，甚至那些已老态龙钟、病入膏肓的人也不希望死亡发生。这些制造长寿的活动就像许多其他的社会医疗实践一样，构成了生命管理以及新的伦理态度和社会参与的一个场所。这些活动同样处于卫生保健配给和改革的论争中心。

对临床医生来说，医学对老年人所谓技术或生物的局限性假定不再是一成不变的。生了病的人及其家属变成了医学的消费者，开始追逐着他们自己的健康和长寿。伴随着美国人口的老龄化，高龄老人的治疗欲望也不断增强。降低风险越来越变成富人们追求的生活方式。当病人和医生致力于处理风险时，预防、增强、维持与治疗之间的边界变得模糊起来。同时，为了回应这些医学文化现象，循证的医学研究也在鼓励和纵容国家老年人医保制度将这些医学程序的费用囊括进来，以便使更多用于降低风险以及疾病治疗的措施能为医疗保险所允许，并被纳入标准化的医疗保障之列（Bach，2009；Neumann，Rosen，Weinstein，2005）。这些发展提高了卫生保健交付成本，尤其是老年人医疗保险成本迅速提高，并使控制这些成本成为一个艰巨的社会挑战。

伴随着成本挑战的是一些存在主义困境（Existential Quandaries）。使用这些治疗（如风险降低、生命延续、死亡延迟）的决策责任在新自由主义和后家长式管理时代已经落到个体头上。这一责任引起了如下问题：假如临床能为我的（潜在的）威胁生命的状态进行治疗，我还能活多久？虽然许多美国老年人要面对这个问题，但他们是在私下思考这一问题的。相对于健康、自我和临床诊断，这个问题可以说是当前的伦理基础（ethical ground）。这个伦理基础包含一种情感，关涉临床供给、风险认知、时间与剩余光阴的价值之间的关系。的确，这个问题的重要性在于其对一种方式的认可，这种方式使关于时间、控制和临终质量的审慎的、私人化的伦理具体化为一种反身的、义务性的和利己的实践。更为重要的是，这个问题使延长寿命的医保费用与老年人医保政策连接起来。这项政策可以支付面对不同状态的日益繁多的治疗，使医生延长了病人的生命，它也使（和激励）病人及其家属在更大的范围内寻求生命的延续，以变得更加长寿，因为他们的责任要求他们这样做。

在美国，85 岁以上的老人就有 450 万人，到 2050 年将达到 2000 万人。这给试图阻止晚年终末期疾病的进程带来了巨大的压力。这些压力来自病人自身、他们的家庭、医学的“技术至上”、医保资金的结构、诉讼的阴霾、对新的（和可能的）干预措施的兴奋、专业训练和分支学科的专业化，尤其是临床医学的积累性成功。同时，老年阶段更多临床选择的可获得性以及生命延长治疗的常规化让人们认为衰老和死亡不再是必然的，我们能够“在没有衰老的情况下变老”（Katz，Marshall，2003）。在欧洲的一些国家，对晚年生命的干预没有如此普遍，因为在那里医疗资源的有限性已经被广泛地认识到了。另外两种趋势也直接造成医疗成本提高以及限制成本艰难。对于那些能够获得治疗的人来说，用临床手段能提供的一切方式去降低死亡的风险已经变成公认的实践和公认的伦理。新兴的诊断工具创造了更多被认识到的“需要”，促使医生和病人去干预，为的就是停止或减缓疾病的扩散以及降低死亡的风险。

在美国，三种日益扩展的治疗手段——心脏手术、器官移植和癌症治疗——成为所有旨在延长寿命的医疗实践的典范和标志。它们在延续生命和增加福祉上的成功给医生、病人及其家属在选择上造成了压力，因为它们在临床上已经被证明是有效的，因为我们总是想把“最好的”给我们的亲人，因为人们不会轻易地对公认的医疗措施说“不”。加之，希望就存在于干预之中，存在于要做点什么事情上，因此，当延续生命的治疗可以提供和获得时，相关的每个人都难以对此说“不”。这种情况导致了存在主义困境和社会困境。

二　老龄社会长寿制造的几个案例

在几个主要的医疗诊所里，我观察和访谈了上百位病人和他们的家属，Lakshmi Fjord、Ann Russ 和 Janet Shim 参与了调查过程。就延长生命的干预措施而言，他们表达了各种观点。一些人明确地想得到更多的治疗，希望延长他们的生命，甚至当医生告诉他们再多的治疗也不会停止疾病的恶化趋势，而应该转向临终关怀的时候，他们依然如此。另一些人在威胁生命的或终末期的疾病得以确诊时，就会抗拒积极干预（Aggressive Interventions），即使他们的生命或许真的因此而延长。不过，更多的人处于上述两个极端之间。许多人语焉不详，对治疗既说“好”，也说“不好”。一些人不乐意或不能够选择治疗，因为健康专家在考虑一个“合乎时宜”的治疗方式。一些人并不确定在一个临床体制中继续维持生命对他们自身到底价值何在。常见的是，渴望的和现实的选择并非泾渭分明，随着时间的推移，病人及其家属在接受何种治疗上的看法也确实在变化（Fried et al.，2007；Russ，Shim，Kaufman，2005；Shim，Russ，Kaufman，2007）。健康专家们则更加需要去权衡积极治疗的范围和价值，以及可能延续生命的治疗是否违背了病人的愿望。

（一）心脏手术

冠状动脉旁路移植术、血管成形术、心脏支架术，对于一个八十几岁的人来说现在已经非常普遍，对于九十来岁的人也再平常不过了。心脏瓣膜置换术在 20 世纪 90 年代也变得司空见惯。医学文献研究表明，对于 90 岁，甚至更老的经过选择的病人群体开展此类手术是可以获得成功的，虽然相对于年轻的病人来说，他们的住院时间或许要长一些，发病率也或许会高一些。

中风和心脏病治疗技术的进步已经延长了病人的生命，虽然它们也导致老年人有更多的心衰现象。在过去的十年里，心衰的患病率日益提高，每年大约有 55 万个新发病例。对于那些已有症状的心衰病人来说，他们预期寿命的中位数还不足 5 年。这些成为最近医学界所讨论的“问题”的背景，即在可预期寿命的条件下，病人和医生需要在维持生命治疗和姑息性治疗（Palliative Therapies）之间做出“选择”（Yancy，2008）。当下，对于严重的心衰病人来说，可以获得的干预措施包括临终关怀、安装自动植入式心脏除颤器（AICD）（用于调整致命的心律问题，降低致死性心脏病的风险）、安装心室辅助装置（VAD，这是一个机械泵，帮助衰弱的心脏将血液输送至全身）以及心脏移植。这些当代医学可提供的差异显著的干预措施处于谱系的两端：从缓解临终的痛苦到积极的、史诗般的（Heroic，也仅仅是可能的）生命延续。这一系列干预措施使选择变得异常复杂，因为希望一直存在于史诗般的干预一方。一份研究也表明，对于那些想获得相对长期生存机会的病人来说，他们更愿意选择积极治疗，尽管其愈后模式可能正好走向反面（Allen et al.，2008）。

相对来说，很少有病人考虑选择 VAD 或心脏移植，虽然心脏移植在 20 世纪 70 年代已经很常见了。相反，在临床实验期间发展起来的扩展版的医学标准下，成千上万的老年人医保制度接受者现在已经有资格使用 AICD。这个设备的使用的突飞猛进的增加的原因在于 2005 年国家老年人医保中心和医疗补助计划服务中心同意对进入标准进行扩展，从而将那些从未遭遇心脏疾病的人的初级预防治疗也囊括其中。在 2001 年，有 48000 人使用 AICD，到 2005 年，已有超过 10 万人使用这一设备。

一份研究指出，这个设备对于降低老年病人的死亡率是有效的，但 AICD 对于特别老的病人是否合适依然众说纷纭。建议是耄耋之年的人装一个 AICD 以防不测，而这却也使病人及其家属面临不曾预知的复杂性。延迟心脏病人的死亡会使他或她出现心衰的症状以及一系列退行性状态。当这些设备变得更加小巧，植入的技术变得更加安全时，医生和普通公众已经将它们看成标准化的干预措施，由于其公正合理，他们难以拒绝。所有这些手术的开展降低了死亡的风险，也产生了一种观念，即只要处理好风险，生命的延续就会永无止境（Shim，Russ，Kaufman，2006）。

（二）肾脏与肝脏移植

医学证据显示，对于那些患终末期肾脏疾病的人来说，肾脏移植是一种选择，它具有比持续进行透析更好的效果。这一事实直接造就和影响了越来越多的肾脏疾病老年患者——或是已经在透析或是不愿进行透析的病人——选择肾脏移植。在美国，65 岁以上病人接受肾脏移植（无论是来自活体捐赠还是尸体捐赠）的数量在过去 20 年里持续稳步增长。2008 年，65 岁及以上病人占了所有肾脏移植者（共 2518 例）的 15%，在 1988 年，这个指标还仅为 2%，2003 年为 11%。七十几岁的老人接受移植不再是不同寻常的，80 岁的老人接受移植也时有发生。

65 岁以上的病人也有权选择出现在国家 UNOS（器官共享联合网络）等候名单上。等候 7 年可能获得一个“年轻一点的”尸体肾脏，等候 2～4 年可能获得一个“老一点的”尸体肾脏，或者几乎不需要等待什么时间，而从一个活体那里获得一个肾脏。老年病人和他们的家人很快认识到，他们的“选择”必须考虑到时间和年龄，因为随着年龄的增长，健康状态变得更加不确定，移植也会变得更加紧迫。越来越多的老年人成为肾脏移植的候选者，于是获得一个尸体肾脏的等待时间就变得更加漫长，这样家庭成员和其他人就不得不面临成为活体捐赠者的更大的伦理压力。故而，老年人移植的活体来源的增加就不足为奇了，因为活体肾脏可以提供给所有的年龄群体。在 2001 年，活体捐赠者的数量首次超过了尸体捐赠者数量。成年子女捐赠肾脏给他们父母的数量也日益增加，亲属、朋友、教会成员、生意伙伴也在捐赠器官给老年人。捐赠志愿者和接受者的身体成为长寿和死亡的伦理较量和行动的场域（Kaufman，Russ，Shim，2006）。

虽然数量不是很多，但肝脏移植，包括活体肝脏移植（来源于活体可再生的一部分肝）的老年病人数在增长。2008 年，619 位 65 岁以上的病人接受了肝脏移植，而 1988 年，仅有 29 人，1998 年不过 324 人。这种增加部分源于老年人医保制度准入标准的扩展，也源于移植技术的进步、免疫抑制剂的发展以及移植医生的训练。1996 年，肝脏移植被老年人医保制度所覆盖，除了乙肝和肝癌外，终末期的肝脏疾病都被囊括进去。1999 年，乙肝也被纳入医疗保险。从 2001 年开始，肝癌也被纳入了。此时其他恶性肿瘤是否被纳入尚在考虑之中（参见 http：//optn. transplant/hrsa/gov/，http：//www. cms. hhs. gov/mod/view）。活体捐赠者也在增加。当活体捐赠变得正规化后，将有更多的肝脏病人的家庭成员和朋友被问及捐赠事宜乃至进行捐赠。

（三）癌症治疗

许多癌症现在已经变成了慢性疾病。它们是可以得到控制的，有的甚至还能被治愈，因为新的、有针对性的、更少毒副作用的治疗措施不断涌现。过去不曾接受治疗的老年患者现在接受了治疗，这出于以下几个方面原因。老年癌症患者抱有极大的希望去经历这种积极的长期治疗，他们将生命的希望寄托于此。许多癌症干预措施现在已经变得司空见惯和常规化了。更多人知道化疗、放射、手术和药物治疗，他们甚至就有亲属和朋友因此而延长了生命。因而，到晚年时，他们也愿意接受这些作为标准的医疗保健措施。医生们也不想否定这些能延长生命的、减轻痛苦的、阻碍或延缓疾病复发的治疗措施。最后，临床研究者也盼望将老年患者纳入临床试验之中，以期让其获得实验性的治疗，观察疗效。其结果是，（可能的）延长生命的治疗对于八十几岁的人来说已经变得常规化了，当然，到目前为止，这对九十来岁的人来说还比较少。然而，对于如何积极地治疗老年人的癌症问题依然存在论争，医生、病人及其家人经常都不太确定如何去操作。

通过治疗，一些癌症病人转入了慢性病状态。临床上经常提供一套清晰的二分法给病人：要么是积极的或可延长生命的治疗，要么是能预知生命终止的临床关怀。这种选择相对较新。它经常被病人及其家属认为是在“生”与“死”之间做出选择。然而，没有医学指导，没有医生和病人就（不可避免的）生命终止或治疗的毒副作用的清晰讨论，病人及其家属除了将希望寄托于积极的干预治疗外别无选择。难怪许多病人（及其家属）主动选择积极的、有毒副作用的、价格昂贵的治疗，直至死亡，甚至当医生提供临终关怀时也一样（Harrington，Smith，2008）。医学研究已经注意到，越来越多的病人在弥留之际的前几天和几周内依然在接受化疗，虽然他们已经化疗了很长的时间。

三　医学成功的复杂化

医学将继续在延长老年人寿命上取得成功。然而，上述的例子表明，在老龄化社会里，越来越困难地界定何谓医学的成功，何谓“最佳治疗”。循证医学，连同那些不抗拒治疗但排斥无力承担医药费用人员的不均等的、讽刺性的社会伦理，确保为那些有权获得医药的人们提供现有技术水平的干预。首先，这些干预难以拒绝，因为当这些干预俨然成为标准的康复措施，尤其是当这些干预直接地挽救生命时，我们说“不”就好比阻碍了医学的进步，乃至与常识相悖；其次，当前的医学话语强调拒绝一种手术就可能置某人于死亡的风险之中；最后，这些手术代表了希望。

同时，医学的成功离不开两种特定的环境：一是强调个体有责任通过规划生活和降低风险来完善的未来的文化环境，二是既没有限制也没有安全网的社会经济环境。这种复杂的环境为上述问题的解决提供了依据，即：鉴于当前的临床水平，我想要活多久？剩余时间（几天、几周、几月、几年）及其价值主导着整个决策。因而，生病，尤其是面对严重疾病时，人们会考虑以下问题：假如可以获得治疗，自己还想活多长的时间？就现在的年龄来说，是否愿意为延长寿命而努力？这些额外的时间相对于治疗的努力及衍生物来说是否值得？生命的价值既不依靠年龄，也无法计量，所以上述问题将始终存在，这些问题并没有标准答案，正所谓仁者见仁，智者见智。

虽然我们尚未到达“一个时刻，即对寿命的唯一限制仅仅在于一个人决定不再活着”（Gupta，2008：1），但医学技术、医疗保险补偿的制度安排以及临床的和消费者的实践，已经形塑了美国居民所处的伦理场域。在对老年人进行保守治疗或积极治疗时，认定或试图认定一个人是生是死以及是否值得延长生命的责任，日益成为医生临床经历的一个有机组成部分。这一责任也是按年龄配给医疗资源的争论一直没有停息，也没有解决之法，以及关于生命终结的对话虽未明晰但活跃的一个根本原因。

参考文献

[1] Allen, L. A., J. E. Yager, M. J. Funk, W. C. Levy, J. A. Tulsky, M. T. Bowers, G. C. Dodson, C. M. O'Connor, G. M. Felker (2008), "Discordance between Patient Predicted and Model Predicted Life Expectancy among Ambulatory Patients with Heart Failure," *Journal of the American Medical Association*, 299 (21): 2533 - 2542.

[2] Bach, P. B. (2009), "Limits on Medicare's Ability to Control Rising Spending on Cancer Drugs," *New England Journal of Medicine*, 360 (6): 626 - 633.

[3] Fried, T. R., J. O'Leary, P. Van Ness, L. Fraenkel (2007), "Inconsistency over Time in the Preferences of Older Persons with Advanced Illness for Life Sustaining Treat-

ment," *Journal of the American Geriatrics Society*, 55: 1007 - 1014.

[4] Gupta, S. (2008), *Chasing Life* (New York: Warner Books).

[5] Harrington, S. E., T. J. Smith (2008), "The Role of Chemotherapy at the End of Life: 'When Is Enough, Enough?'" *Journal of the American Medical Association*, 299 (22): 2667 - 2678.

[6] Katz, S., B. Marshall (2003), "New Sex for Old: Lifestyle, Consumerism, and the Ethics of Aging Well," *Journal of Aging Studies*, 17 (1): 3 - 16.

[7] Kaufman, S. R., A. Russ, J. Shim (2006), "Aged Bodies and Kinship Matters: The Ethical Field of Kidney Transplant," *American Ethnologist*, 33 (1): 81 - 99.

[8] Neumann, P. J., A. B. Rosen, M. C. Weinstein (2005), "Medicare and Cost-Effectiveness Analysis," *New England Journal of Medicine*, 353 (14): 1516 - 1522.

[9] Russ, A., J. Shim, S. R. Kaufman (2005), "'Is There Life on Dialysis?': Time and Aging in a Clinically Sustained Existence," *Medical Anthropology*, 24: 297 - 324.

[10] Shim, J. K., A. J. Russ, S. R. Kaufman (2006), "Risk, Life Extension, and the Pursuit of Medical Possibility," *Sociology of Health and Illness*, 28 (4): 479 - 502.

[11] Shim, J. K., A. J. Russ, S. R. Kaufman (2007), "Clinical Life," *Health*, 11 (2): 245 - 264.

[12] Yancy, C. W. (2008), "Predicting Life Expectancy in Heart Failure," *Journal of the American Medical Association*, 299 (21): 2566 - 2567.

中国老年人居住方式的转变及其影响机制分析*

姜向群　郑研辉**

【摘要】本文在对以往文献进行梳理的基础上，采用数据分析、文献研究以及理论探索的方法，探讨了中国老年人居住方式和家庭代际支持转变的内在机制以及对老年人所产生的影响。本文认为，两代人居住形式上的“分离”并不会从根本上影响子女为老年父母所提供的支持，不能简单地将老年人居住方式的变化等同于家庭养老功能的弱化；在中国，家庭成员仍是养老支持的主要提供者，但是家庭养老及其代际关系已经展现出全新的样式。

【关键词】老年人；居住方式；家庭养老

在中国传统社会，家庭作为老年人获得物质帮助、生活照料和情感支持的基本单位，对老年人的晚年生活起了重要保障作用。

在家庭养老模式下，老年人的居住方式不仅是一个纯粹的地理或空间问题，也涉及老年人及其家庭、社区乃至整个社会（郭平，2009：71），直接关系到老年人养老支持的获得，因此传统社会老年人与成年子女共居的模式得以世代沿袭。然而在现代社会，伴随人们家庭观念的变化以及人口流动性的增强，中国家庭尤其是城市家庭的小型化趋势日益明显，父母和子女分开居住的比例也在不断提高。针对人们居住方式的变化，国内学

---

* 本文原载于《广西民族大学学报》（哲学社会科学版）2014 年第 1 期，收入本书时有修改。

** 姜向群，辽宁营口人，中国人民大学人口与发展研究中心教授，博士生导师，主要研究方向：老龄问题。郑研辉，河北邢台人，中国人民大学社会与人口学院博士研究生。

者进行了很多有益的探索。但社会变迁在多大程度上影响到家庭养老模式，居住方式的改变又对老年人的晚年生活产生怎样的影响，仍是需要关注的问题。

本文在对老年人居住方式相关文献进行梳理的基础上，着重探讨老年人居住方式变化的内在机制及其影响以及家庭养老模式的变迁。

一 文献综述

多代同堂、亲子养老是中国传统家庭养老保障的显著特点，父母年老之后与至少一个已婚子女同住并接受儿孙赡养被视为当然，因此，国内学者从居住方式视角对养老问题的研究相对起步较晚，只是近30年来随着老龄化形势的日趋严峻，才逐渐开始关注这一领域。当前对老年人居住方式的研究主要围绕居住状况及其变化、居住意愿以及居住方式对养老的影响三方面展开。

在居住状况及其变化方面，普遍认为老年人与成年子女同住的比例正在下降。杜鹏（1990）利用1982年和1990年人口普查原始数据对中国老年人的居住方式进行队列分析，发现尽管三代户家庭仍旧是老年人的主要居住方式，但是随着年龄增加，老年人与成年子女同住的比例出现明显下降。林明鲜、刘永策、赵瑞芳（2008）利用2005年对烟台市老年人开展的调查研究，分析了老年人居住与养老方式的变迁情况，认为绝大多数老年人因自己有一定的财产和退休金收入，为避免代际冲突等主动选择与子女分住。曲嘉瑶和孙陆军（2011）利用中国老龄科学研究中心2000年、2006年的两次全国调查数据对中国老年人居住安排的特征与变化趋势进行分析后发现，虽然三代同住仍是中国老年人最主要的居住形式，但该比例正在下降，同时老年夫妇家庭的比例有所上升，认为这种居住安排将加速传统家庭养老功能的弱化。这些研究均利用不同的调查数据对老年人的居住状况及其变化趋势进行了分析。

在居住意愿方面，研究也相对较多，多数观点认为两代人越来越倾向于分开居住。陆杰华等（2008）利用全国老年人口健康状况调查问卷（2005）数据对北京、上海、天津、重庆四地老年人的居住意愿进行了实证研究，结果显示，传统的居住意愿发生了很大变化，虽然在城市中大部分老年人仍选择与子女居住，但已有相当一部分老年人倾向于独立居住，约占老年人总体的39%，而实际居住方式、人口因素、经济因素等对大城市老年人居住意愿有着显著的影响。王梁（2006）的研究也显示，多数老年人不愿与子女同住。

在居住方式方面，有学者关注不同居住方式与子女赡养行为、老年人的生活质量和生活满意度的关系。如穆光宗（2002a）指出，在人口老龄化进程中，家庭养老正面临严峻挑战，特别是越来越多的空巢家庭老年人被置于风险状态。张玉银等（2007）的研究也发现居住方式对老年人生活质量有显著影响，与家人共同居住有助于提高老年人的生活质量。上述研究认同与子女或家人同住对老年人的生活有正向影响。

但是，也有学者指出居住安排和子女可能提供的赡养并不存在必然联系。王树新（1995）认为，分开居住但近距离的居住安排并不一定会降低子女提供赡养的可能性。有学者进而指出，老年人这种居住安排可以在很多方面起到与子女同住一样的作用。不同的居住安排与子女提供赡养的可能性并不存在特别确定的关系（鄢盛明、陈皆明、杨善华，2001）。

从上述相关研究中可以看出，老年人居住方式的多样化已引起了学者的较多关注，这有助于增强对老年人居住方式转变态势的认识。然而就研究视角而言，这些研究没有选择居住方式转变的形成机制及其内含的价值角度，因此很难揭示这一现象的深刻文化内涵及其意义，老年人居住方式有待于进一步深入研究。

二　中国老年人居住方式的转变及其成因

（一）老年人居住方式的转变

家庭养老长期以来是中国人首选的养老方式。这在很大程度上是由中国农耕社会的生产方式及传统文化决定的。居住方式是嵌在基本制度安排和既定的社会文化形态中的，并由这些特定的制度和文化形塑。当前，在由传统社会向现代社会的快速转型过程中，形成了新的制度安排、价值观念、社会结构，人们的生活方式及行为也随之发生了变化，老年人的居住模式逐渐多元化，出现了与子女共居、与子女近居、独居、在养老机构居住以及候鸟式异地居住等多种方式，体现出鲜明的时代特征。

根据2010年第六次全国人口普查数据及其与前两次人口普查数据的对比可以看出，尽管与子女共同居住仍是中国老年人的主要居住方式，但老年人家庭的空巢化、独居化特征也在不断增强。2010年中国老年独居户占全部有老年人家庭户的9.42%，老年夫妻家庭户占全部有老年人家庭户的28.88%，与前两次人口普查结果相比，老年人户居方式最明显的变化是老年独居户和老年夫妻家庭户的比例持续提高。老年独居户与老年夫妻家庭户合计占全部有老年人家庭户的38.30%，即老年空巢家庭占了将近四成，较1990年的25.00%和2000年的33.51%，老年空巢家庭比例升高，表明中国60岁及以上老年人口家庭发展具有空巢化趋势（见表1）。

表1　老年人口居住方式占比情况

单位：%

户居方式	1990年	2000年	2010年
老年独居户	8.10	8.43	9.42
老年夫妻家庭户	16.90	25.08	28.88
一代户	0.60	0.31	0.71
二代户	24.00	32.96	18.10
隔代户	2.20	4.57	4.46
三代户及以上户	48.20	28.64	37.13
其他	—	—	1.3
合计	100.00	100.00	100.00

资料来源：1990年和2000年的数据均转引自《中国人口老龄化：变化与挑战》（邬沧萍、杜鹏，中国人口出版社，2006，第132页）；2010年数据根据《中国2010年人口普查资料》（国务院人口普查办公室、国家统计局人口和就业统计司编，中国统计出版社，2012）中的数据计算整理。

年龄对老年人的居住方式有重要影响作用。从表2可以看出，2010年，随着年龄的增加，生活在二代户、三代及以上户的老年人比例也越来越大，这一比例从60~64岁的55.47%增加到80岁及以上的62.91%。这种变化与老年人的健康状况密切相关。一般来说，随着年龄增加，老年人的健康水平也会随之下降，对他人的依赖程度提高，需要更多照料，因此年长的老年人更多选择与家人共同居住。但较2000年，2010年各年龄段老年人生活在老年独居户、老年夫妻家庭户和一代户家庭的比例均有所上升。这一结果主要是由于伴随中国社会经济发展，社会保障制度的建立和完善，老年人自身的经济保障程度逐渐提高，老年人对他人的依赖程度降低，因此许多老年人更倾向于选择独立生活。

表 2　分年龄老年人的居住方式占比情况

单位：%

户居方式	60~64 岁		65~69 岁		70~74 岁		75~79 岁		80 岁及以上	
	2000 年	2010 年	2000 年	2010 年	2000 年	2010 年	2000 年	2010 年	2000 年	2010 年
老年独居户	5.94	5.95	7.72	7.94	9.72	10.60	11.39	13.43	12.61	15.73
老年夫妻家庭户	27.74	30.90	29.00	32.51	25.94	30.79	19.17	26.28	10.05	15.91
一代户	0.39	0.78	0.31	0.68	0.30	0.62	0.21	0.62	0.20	0.80
二代户	41.77	19.04	32.70	16.02	26.13	16.21	23.87	17.97	29.66	22.82
隔代户	5.36	5.67	5.09	5.07	4.34	3.93	3.40	2.98	2.32	2.31
三代及以上户	18.78	36.43	25.19	36.63	33.56	36.79	41.97	37.60	45.16	40.09

资料来源：2000 年数据根据《中国 2000 年人口普查资料》（国务院人口普查办公室、国家统计局人口和社会科技统计司编，中国统计出版社，2002）数据计算整理；2010 年数据根据《中国 2010 年人口普查资料》（国务院人口普查办公室、国家统计局人口和就业统计司编，中国统计出版社，2012）数据计算整理。

从分城乡情况看，2010 年城市老年人生活在老年独居户和老年夫妻家庭户的比例明显高于农村老年人，其中市、镇、乡的比例分别为 42.73%、40.61% 和 35.62%。老年独居户在市、镇、乡的比例差距不大，分别为 9.52%、10.12% 和 9.17%。市老年夫妻家庭户 2010 年的比例已达到 33.21%，即有 1/3 的城市老年人生活在老年夫妻家庭户即空巢家庭中。较 2000 年，2010 年中国城乡 60 岁及以上老年独居户、老年夫妻家庭户、一代户的比例均出现明显上升，表明无论城乡，老年人家庭的独居化、空巢化趋势均很明显。同时老年二代户的比例则出现明显下降，尤其是城市下降得更快，而老年人生活在三代及以上户的比例则有所上升（见表 3）。

表 3　分城乡老年人口的居住方式占比情况

单位：%

户居方式	市		镇		乡	
	2000 年	2010 年	2000 年	2010 年	2000 年	2010 年
老年独居户	8.46	9.52	9.53	10.12	8.24	9.17

续表

户居方式	市		镇		乡	
	2000 年	2010 年	2000 年	2010 年	2000 年	2010 年
老年夫妻家庭户	28.87	33.21	28.76	30.49	23.13	26.45
一代户	0.17	1.04	0.27	0.77	0.37	0.54
二代户	40.06	19.01	31.40	15.79	30.77	18.41
隔代户	4.74	3.58	4.72	4.60	4.49	4.80
三代及以上户	17.70	32.17	25.32	36.79	33.00	39.45

资料来源：2000 年数据根据《中国 2000 年人口普查资料》（国务院人口普查办公室、国家统计局人口和社会科技统计司编，中国统计出版社，2002）数据计算整理；2010 年数据根据《中国 2010 年人口普查资料》（国务院人口普查办公室、国家统计局人口和就业统计司编，中国统计出版社，2012）数据计算整理。

（二）老年人居住方式转变的成因分析

大家庭共居养老模式盛行于农耕社会，生产的家庭化以及强韧的情感、伦理纽带使这一养老模式得以世代延续。伴随现代化进程，经济结构、文化观念等均发生了变化，居住方式作为文化以及代内、代际关系的外在表现形式必将伴随社会经济的发展而变迁。中国老年人的居住方式在传统与现代的合力作用下逐渐趋于多元化。

首先，经济结构的变迁。养老方式是由一定的生产力和经济发展水平决定的，必然随着社会经济的发展而不断变化。在传统农业社会中，由于生产方式以及文化传播手段的落后，时间积累成为权威地位的一个重要划分标准，老年人也因此具有至高无上的地位。而近代工业化大潮使传统共居式家庭养老赖以存在的经济基础逐步瓦解，这对老年人的智慧和地位形成极大冲击。社会化大生产、市场竞争等需要人们不断更新知识和技能，工业化进程使大量农村劳动力涌向城市。正如著名的帕森斯假说所提及的："工业经济强调的公正、公平和公开竞争，必然导致强调亲情、照顾和亲属关系网的传统家庭的解体。"（李银河、郑宏霞，2001：1）值得肯定的是，帕森斯敏锐地洞察到了工业化与家庭结构之间的微妙关系。在工业化进程中，两代人的关系必然发生改变：年轻一代经济和生活上的独立以及越来越多的老年人拥有来自家庭以外——市场或社会的经济来源。这一变革为两代人分开居住—分离提供了物质基础。

其次，人口转型的冲击。传统社会人口寿命较低，加之生育的子女数量众多，因此，较低的老年人抚养比使家庭养老具有极大的实现可能性。进入工业社会以后，人口寿命有了前所未有的提高和生育率的明显下降，成年已婚子女无力为双方父母提供充足的物质和生活照料，传统同居共财的家庭养老模式受到了严峻的挑战。

另外，文化观念发生了激烈的碰撞。传统社会极为推崇儒家的孝道观念，即所谓“百善孝为先”。人们通常把家族同堂视作最理想的家庭模式，认为分家分财是不孝的表现。与父母共居的形式成为传统子女行孝的一个价值准则。现代工业化特别是改革开放以来，传统大家庭开始解体。

三　老年人居住方式转变的影响机制分析

老年人同谁生活在一起，是养老方式的一个重要方面，直接决定着老年人的经济供养以及生活服务方式，因此，居住方式的转变对老年人的生活以及家庭养老模式都有极大影响。

（一）共居形式下两代人之间的互动

家庭作为基本的生活单位，必定产生代际的资源流动和交换。在传统社会，老年人通过家庭内部资源的代际交换流动便可获取所需的全部养老支持，共居成为孝亲的模式。但是随着家庭现代化的发展，两代人之间的互动模式也相应发生了转变。

从养老功能的实现来说，老年人得到的养老支持与居住方式密切相关。在共居形式下，两代人在经济上融为一体。并且，共居可以节约子女供养父母的时间成本、距离成本和机会成本，增加家庭特别是老年人的福利。有研究提出，不同的居住方式直接关系到老年人情感交流、日常照料的可获得性，相对于独居老年人，与家人或者子女同住的老年人更可能对现在的生活满意（曾宪新，2011）。尤其是对于丧偶以及高龄失能老年人而言，与子女合住的比例相对较高，共居形式仍旧发挥着重要的养老功能。

但是不能过分夸大共居对养老支持获得的作用。在共居模式下，也有很多老年人被置于“日间空巢”、“繁重家务”以及“代际冲突”等困境中。根据以往的研究，与子女共居这种居住安排在很大程度上是为解决实际生活问题而采取的折中办法。即便老年人为了维持独立、保护隐私而更愿意自己独立居住，但现实的经济压力、双方的需求都迫使他们选择与子女同住（高丽君，2011）。另外，出于方便照料孙辈的考虑，女性老年人比男性老年人更倾向于与子女同住（曾毅、王正联，2004）。在与已婚子女共居的老年人群体中，除自身需要照顾的老年人外，很多老年人主动扮演了“保姆”的角色。另外，许多老年人之所以选择和子女共同居住，一个很重要的原因就是他们的孩子还没有自己的住房。“互惠帮助”成为人们选择居住方式时的一个重要影响因素。

（二）分居形式下有距离的亲密

随着家庭现代化，“共居养老”这一中国传统养老规范，在人们观念中正悄然发生变化，我们看到越来越多的家庭成员在居住以及生活上的彼此分离。家庭现代化理论预测，随着社会现代化进程的不断推进，核心家庭将成为独立的亲属单位，这种变化必然导致亲属间凝聚力的下降（杨菊华、李路路，2009）。针对父母与子女分居的趋势，穆光宗（2002b）也曾提出“居住的分离弱化家庭养老功能”的假设，即无论是经济上的支持还是情感上的慰藉，都是住得越远，则对父母的支持越少，分居的情形无疑使老年人获得的养老支持更少。

随着社会经济的发展以及社会福利事业功能的增强，中国享受退休金和养老保险的老年人越来越多，使父母对子女的经济依赖性明显减弱；医疗卫生事业以及社会养老服务事业的发展都使老年人的健康预期寿命得到了很大延长，因此，较之以往老年人的养老需求有了很大的变化。但是，在分居或分离的形式下，除了与子女家庭居住距离较远的老年人外，多数老年人都可以从子女处获得其所需的支持。

首先，在经济支持方面，金钱的支付可以跨越地缘的局限，甚至在相隔千里的亲子间也能顺畅运作，因此，子女对父母的经济支持意愿和行动几乎完全不受距离的制约。而以往的许多实证研究也支持了这一观点。如鄢盛明等（2001）指出，对老年人的经济赡养，不管子女的居住距离有多远，在同住、近居和远居三种模式下都可以进行。陈皆明（1998）则进一步指出，经济支持可能是最不受家庭变迁影响的一个维度，甚至可能因此得到强化，因为不能亲自照料父母的子女，更可能通过经济支持来补偿对父母照料的不足。因此，可以认为，居住方式的转变对于老年人从子女处获得经济资源并无显著影响。

其次，在劳务支持方面，由于与子女分开居住的老年人多数是身体状况较好、有自理能力者，因此，两代家庭之间的劳务资源交换相对较少。与子女分开居住的老年人的日常家务主要由老年人或其配偶来完成。与此同时，也存在子女对父母提供不同程度帮助的现象。较近的居住距离也为子女照顾年迈父母提供了可能。

最后，在尊老、敬老的传统思想影响下，赡养父母已然成为重要的传统习惯，并上升为一种事亲哲学，要求子女不但要为父母提供必要的物质奉养，而且还要顾及父母的心理需求。居住的分离可以很好地避免两代人由于兴趣爱好、生活习惯以及消费观念等方面的差距而引起的矛盾（林明鲜、刘永策、赵瑞芳，2008），同时，子女通过探望、问候等方式与父母保持经常性的联系，有利于保证两代人尤其是老年人的生活质量。

总之，居住形式上的分离并不会从根本上影响子女对老年父母所提供的支持，同时也因其具有“保护隐私”“尊重个体空间”等优点，与现代社会的要求更加契合，被越来越多的人认可和接纳。

（三）家庭养老形式和功能的背离与统一

传统家庭养老采取同居共财的形式，其精神实质在于父代通过与子代之间的资源流动在家庭内部获得足够的养老资源。家庭养老的这种形式适应于生产力水平低下的农业社会，其独有的经济生产方式、传统文化以及历代统治者的倡导，都为大家庭共居养老方式提供了可能性，并不断为家庭养老注入活力。

在社会变迁过程中，传统家庭养老模式赖以存在的基础正在逐渐弱化或消失，对此学界也进行了很多探索，提出了类似削弱论、替代论、转变论等观点。本文认为，当前中国的家庭养老不再局限于传统形式，而是以一种新的方式存在并发挥着不可替代的作用。越来越多的老年人在自己身体状况允许的前提下，选择了与子女分开居住，家庭养老形式由传统的大家庭同居共财模式向分居互助模式演变。

相对于传统社会，在保持对亲情的高度渴望之余，中国老年人对养老观念和养老方式的选择开始逐渐突破传统思维定式，在经济上具有更高的独立性，在观念上具有更强的自我意识，看重隐私并渴望个体自由，因此，社会中越来越多的两代分居家庭的出现也是老年人主动选择的结果。

在现代家庭养老模式下，老年人养老支持的获得渠道呈现多元化。在生活照料方面，主要由家庭成员承担，同时在家庭成员无暇照顾老年人时也可通过由家庭成员出资购买养老服务的形式进行必要补充；经济支持主要来源于家庭，社会养老保险以及社会福利机构也提供部分支持；情感慰藉则由单一的子女提供转向子女、社区及同龄群体共同提供。

由此可见，不能简单地将老年人居住方式的变化等同于家庭养老功能的弱化，更不能轻易否定家庭养老的作用。两代家庭分开居住，使代际互动关系从过去的面对面交往转变为有距离的交往，是传统家庭养老形式与功能背离和统一的表现。

四　结果与讨论

当前中国老年人在居住方式上表现出更大的自主性和灵活性。但是，在目前社会养老发展仍不充分的情况下，家庭成员仍是老年人养老支持力的主要提供者，因此，在注重发展社会养老的同时，我们也应当正确认识家庭养老的重要地位，增强家庭的赡养功能并将社会化养老服务与之结合，使老年人尽可能在符合自己意愿的生活环境和居住形式中安度晚年。

第一，应提高自我养老意识，树立自立自养观念。具有“反哺”特征的中国传统家庭养老模式，在体现中国传统文化的尊老敬老美德的同时，也在一定程度上形塑了老年人的“依赖者”角色。但从现代社会来看，事实远非如此。人口的预期寿命和健康预期寿命已明显提高，许多老年人在进入老年期时，身体健康，不需要他人照料。树立自立自养观念，有利于缓和代际矛盾，也符合社会发展的现实。

第二，扶植家政服务市场，发展居家养老服务。在与子女分离居住情况增加的背景下，高龄老人对照料的需求需要由社会养老服务来满足。通过发展社会化养老服务，尤其是扶植家政服务市场，并尽快建立起长期照料体系等，以作为家庭养老的有效补充，从而提高家庭养老的能力。

第三，健全老年社会保障制度。中国具有“未富先老”“老龄化速度快”“老年人口比重大”等特点。面对严峻的老龄化形势，建立和完善老年社会保障制度，是保障民生，促使社会稳定和可持续发展的首要前提。建立和完善社会保障制度，最重要的就是积极推进养老保险和医疗保险改革，提高老年群体的收入和健康水平，实现健康老龄化的目标。

参考文献

[1] 陈皆明（1998）：《投资与赡养——关于城市居民代际交换的因果分析》，《中国社会科学》第6期。

[2] 杜鹏（1999）：《中国老年人居住方式变化的队列分析》，《中国人口科学》第3期。

[3] 高丽君（2011）：《城市老年人居住方式的“现实与理想”——以天津市老年人为例》，《知识经济》第23期。

[4] 郭平（2009）：《老年人居住安排》，中国社会出版社。

[5] 李银河、郑宏霞（2001）：《一爷之孙——中国家庭关系的个案研究》，上海文化出版社。

[6] 林明鲜、刘永策、赵瑞芳（2008）：《烟台市老人的居住安排与养老方式的变迁》，《中国老年学杂志》第22期。

[7] 陆杰华、白铭文、柳玉芝（2008）：《城市老年人居住方式意愿研究——以北京、天津、上海、重庆为例》，《人口学刊》第1期。

[8] 穆光宗（2002a）：《家庭空巢化过程中的养老问题》，《南方人口》第1期。

[9] 穆光宗（2002b）：《家庭养老制度的传统与变革》，华龄出版社。

[10] 曲嘉瑶、孙陆军（2011）：《中国老年人的居住安排与变化：2000～2006》，《人口学刊》第2期。

[11] 王梁（2006）：《城市居民理想养老居住方式的选择——基于南京等四城市抽样调查的实证研究》，《南方人口》第1期。

[12] 王树新（1995）：《论城市中青年人与老年人分而不离的供养关系》，《中国人口科学》第3期。

[13] 邬沧萍、杜鹏（2006）：《中国人口老龄化：变化与挑战》，中国人口出版社。

[14] 鄢盛明、陈皆明、杨善华（2001）：《居住安排对子女赡养行为的影响》，《中国社会科学》第1期。

[15] 杨菊华、李路路（2009）：《代际互动与家庭凝聚力——东亚国家和地区比较研究》，《社会学研究》第3期。

[16] 曾宪新（2011）：《居住方式及其意愿对老年人生活满意度的影响研究》，《人口与经济》第5期。

[17] 曾毅、王正联（2004）：《中国家庭与老年人居住安排的变化》，《中国人口科学》第5期。

[18] 张玉银、郑军、范平（2007）：《居住方法对老年人生活质量的影响》，《中国疗养医学》第4期。

第五编

摄影人类学

反科学的图像：摄影与人类学的史前史*

〔英〕克里斯多夫·皮尼/著　杨云鬯/译**

【摘要】摄影与人类学的历史存在交相呼应的关系，这反映在四张不同历史时期的图像中。这里面包括原住民和人类学家如何通过摄影互动，原住民如何接受摄影并将其变为权力运动的工具，早期人类学和民族学家如何通过摄影凝视"他者"生产、关于"他者"的视觉知识以及照相机普及以后持相机的人类学家应当如何自处等问题。因此，需要在超越工具的层面上思考摄影在本体论意义上为人类学家带来的启迪，即通过福柯提出的"反科学论"和贝尔廷的"图像人类学论"对两者的"双重历史"进行剖析。

【关键词】摄影；图像；反科学；摄影人类学

一　引言：对四个时刻与四张图像的思考

让我们来思考四个时刻以及四张图像。它们引领我们沿人类学与摄影之关系的历史转变轨迹而行。第一张图（见图1）是一幅描绘19世纪80年代中叶一名工作中的人类学家的线条画。在皇家人类学会摄影收藏中与

---

* 本文原载于《广西民族大学学报》（哲学社会科学版）2018年第5期，收入本书时有修改。本文译自 Pinney，C.，2008，"Prologue：Images of a Counterscience，" in *Photography and Anthropology*（London：Reaktion Books）：6－16。副标题为译者添加，本文由 Reaktion Books 授权发表。

** 克里斯多夫·皮尼（Christopher Pinney），英国伦敦大学学院人类学系物质与视觉文化教授。杨云鬯，湖南益阳人，伦敦大学学院人类学系物质与视觉文化博士候选人，主要研究方向：视觉人类学、艺术人类学、摄影及艺术理论。

画作放在一起的一张小纸条可追溯至1885年10月24日。这幅画出自一位我们不知其名的尼科巴艺术家之手，它表现了一名井然的警卫和一名撑伞的仆从协助爱德华·霍雷思·曼恩（Edward Horace Man）进行摄影工作的场景。曼恩的脸藏在照相机的冠布之中，照相机则指向倚靠于一棵树前摆姿势的三名孩童。所有这一切都出现在三联水平竖排图画的最上一幅之中。在中间那幅随后被曼恩用数字标记了的画里，我们可以看到一系列尼科巴的海洋生物，包括了儒艮、鳄鱼、海龟和鳐鱼。底部的图画则绘制了以一个马六甲的村庄、斯派德福湾（Spiteful Bay）和雷达港（Leda Port）为背景的南考里号蒸汽船（Nancowry）。

图1　不知名的尼科巴艺术家绘制的工作中的曼恩（19世纪80年代）

在曼恩的一本关于19世纪晚期孟加拉湾尼科巴岛生活状况的重要摄影图册的三联图画混合了几种创作类型。最明显的是，它是一幅与摄影相关的图画。没有那么明显的是，它以henta-koi这一尼科巴长久的表征传统的僵硬风格为基础，将照相机所生产出来的“横幕”进行了并置。三联图画把水平竖排的作画方式转移到了纸上，而这种作画方式原本出现于由萨满安置在受疾病侵扰的尼科巴人家的木盾上，并用以抵御邪灵。henta-koi常常具有融合水生生物形式（螃蟹、男性人鱼、乌贼）的描述和尼科巴岛与缅甸、马来及锡兰商人、耶稣会传教士和各种沉船碎屑的长久文化交流的特征。它们包括航行的船只、船上的指南针、怀表、望远镜、信封和镜子。这种极具异域风情的混合物似乎是保护尼科巴人的一种力量之源（Pinney，1990：284）。

摄影的保护力，即令它可抵御邪恶的辟邪之力，是20世纪早期昆士兰原住民与其接触时的核心作用。据原住民策展人迈克尔·埃尔德所言，为自己和家人定制布尔乔亚式肖像的原住民们“感受到了一种在欧洲社群中声明他们的成功的真实需求，以确保来自压迫的‘保护’政策的保护”（Aird，1993：vii）。《1897年鸦片销售的原住民保护及限制法案》是持续至20世纪60年代的殖民地法律机制中的一个要素，并使被认为受到了“忽视”的原住民儿童从其父母及社区强制移走成为可能。要求得到国家援助的成年人则可能被强制重置到原住民保护站（Aboriginal Stations）（Lydon，2006）。埃尔德认为，依据欧洲标准，照片指代成功，而摆拍中所展示的中产阶级的体面则被用以拉大原住民主体和惩罚性国家行为的可能性之间的距离。比如，来自上洛根河的威廉姆·威廉姆斯一家“居住和工作在自己的土地上”，而埃尔德的看法是，他们成功地延续了这种生活的一部分原因是他们能够在自保的行动中使用摄影。他们的孩子成为饲养员、牧人、斧匠和管家。他们的后代继续居住在昆士兰并“自豪地把自己称为穆南嘉里人”（William Williams，1993：60）。在一张可追溯至约1910年的手工上色照片中，威廉姆·威廉姆斯站立在他坐着的妻子艾米丽·杰基（Emily Jackey）身旁，他面朝世界，直直盯着前方，艾米丽焦急地注视着他（见图2）。

25年后，德国科隆，由一名人类学家收集的混合的图像被认为是危险之源。这些图像由喀麦隆民族志学家和劳藤斯特劳赫－约斯特人类学博物馆（Rautenstrauch-Joest Anthropological Museum）策展人朱利叶斯·利普斯（Julius Lips）收藏。在科隆的激进原始主义思潮中，“人人都谈论原始艺术”，并且“流行歌也采用这一主题；海报也都在宣传它”（Lips，1938：7）。作为这一活跃思潮的一分子，利普斯开始从博物馆的图像和器物收藏中积累大量照片档案。正如他在随后流亡美国时所写的，这是被殖民者“对他的殖民者施以报复”的机会（Lips，1937：xxi）。其中的一张图片也

图 2　艾米丽·杰基和威廉姆·威廉姆斯摄于波德塞特
（1910 年，手工上色照片）

源自尼科巴，是一张劳藤斯特劳赫－约斯特人类学博物馆自身所藏的木雕照片。在利普斯逃离德国后，他出版了一本关于这些藏品的书，其中这张照片和另一张拍摄了这个木雕所指的真人的照片被并置在一起：爱德华七世“为此君本人是也”。尼科巴人通过这张照片加倍谋求一些henta-koi 的保护作用，因为它是一个“吓人的形象”，也是一张地位崇高者的肖像，“邪灵”在它面前只能惊恐而无能地逃走。通过照片指涉对象的形变——“人物张开的大嘴与国王和蔼的笑容之间奇特的对比”——以及利普斯所强调的面对“一位在欢呼声中感谢受鼓舞的民众的国王，与同样一位吓退邪魔的国王在态度上的巨大差异”（Lips，1937：234－44），这种效用的可能性是存在的。

个案 1　正如利普斯所指出的，希特勒在 1933 年所取得的德国统治权很快会导致“所有德国科学的灭绝”和凋零……古老的科堡徽章上的非洲人头像被一把剑和“卐”字所取代。1933 年 3 月，利普斯的一名学生——一个曾经帮助过他装裱其照片档案的希特勒狂热崇拜者——在国家秘密警察的陪同下来到了他的办公室。他们声称，利普斯的所作所为“与元首的种族理论相左，而这些在上方贴了图片的卡纸来自博物馆，因而也该属于博物馆”（Lips，1937：xxv）。利普斯的照片中包括德国军政官员的肖像，由“黑色人种”拍摄，而且“单单是持有这些图片”就已经被认为犯了一种“反国家罪”。利普斯逃到了巴黎，惊险地逃过了逮捕，并从巴黎前往美国。他在历史上的黑人大学霍华德大学人类学系找到了工作。人类学领军人布罗尼斯拉夫·马林诺夫斯基在1937年为利普斯的著作《野蛮人的反击》（其中的图209及图210见图3）撰写导言时盛赞他“确实是本地人的代言人，不仅了解本地人的想法，而且关心本地人的利益和委屈”（Malinowski，1937：viii）。

个案2 在曼恩拍摄安达曼和尼科巴的125年后，距孟加拉湾以北500英里（相当于804.672千米）处，照相机被看作一种护身符。2007年9月，缅甸正经历一场革命……秘密摄像记者协同“缅甸民主之声”拍下了随后的混乱和死亡，其中包括“一名日本新闻摄影记者之死”。他的死亡画面被不断地在安德斯·厄斯特高（Anders Østergaard）的电影《缅甸VJ》（Burma VJ）中播放（电影静帧见图4）。2007年在缅甸发生的这些事件标志着人类学与摄影的极点：这就是在一个貌似后人类学世界里的文化斗争，以及对政治和表征自主权的争夺。如果人人都有照相机，那么还会有位置留给持照相机的人类学家吗？（Strassler，2010）

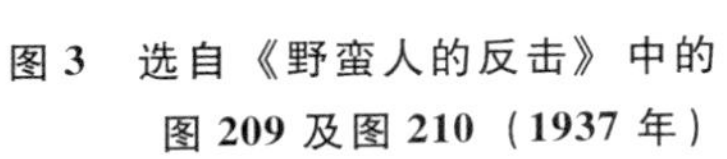

图3 选自《野蛮人的反击》中的图209及图210（1937年）

图4 安德斯·厄斯特高的《缅甸VJ》（2009年，电影静帧）

二　图片人类学

人类学有很多种。然而，有一种人类学密切而批判地细察了它带有殖民性质的过去，把自己看作一种伦理—政治的自我批判，且这种自我批判有可能比社会科学和人文学科中的任何其他实践都要更加鞭辟入里。因此，人类学（或至少某一种人类学）占据了一个好位子——或许是一个独特的、有特权的位子——以思索图像与文化、图像与权力之间的关系。人类学介入了跨文化问题中的因果关系、证据、人格和纪念性（还有许多其他关心的问题），这种介入要求：通过一种与所有这些议题都密切相关的技术实践（即摄影）来达成介入目标的这一历史本身也带上人类学的印记。

米歇尔·福柯（Foucault，1974：379）提出，人类学（在他的用法中即“民族学”）和心理分析是现代的“反科学”。二者皆构筑了一种“对经验和概念的囤聚和一种永不满足的原则，总是要质疑、批判、争论那些在其他学科看来似乎有定论的事物”（Foucault，1974：373）。因此，这不是一个紧张的学科对摄影不断利用的驯化史。反之，它试图询问：一种在人类学与摄影的关系之间的人类学不稳定性看起来会是什么样子。

在所有对摄影的人类学思考中，有一种随后被艺术史家汉斯·贝尔廷称为图像人类学（Belting，2001），它在20世纪30年代源于文化批评家瓦尔特·本雅明（Walter Benjamin）。在从一个从感受性的角度来看断然属于人类学的论述中，本雅明描述了早期照片如何把灵光存放在它“最后的焦点”——人脸中。用以生产这些肖像的技术创造了一种新的时空：“这一生产过程本身使被摄者关注他生命中的这一瞬间，而不再让其匆匆消逝；在漫长的曝光过程中，被摄者……成长为图片，与快照中的形象形成了最鲜明的对比”（Benjamin，1999：514）。因此，达盖尔银版摄影术可以呈现人们特别有力的个性化的面貌。本雅明引用了卡尔·朵田戴（Karl Dauthendey）对这些早期摄影中所出现的人脸的担忧：“我们让这些惟妙惟肖的人物照闹得局促不安，并相信这些图片中的小脸们能够看到我们。”（Benjamin，1999：512）本雅明历经年岁的回应就像黑暗甬道中的一脉银光（Adorno，Benjamin，1999：7），乌干达西南部的班言科尔人会把往生者在照片中的眼睛挖出来，“以防死者‘回看’生者”（Smith，Vokes，2008：283）。

尽管很多摄影作品的自我宣传强调它们令人惊讶的新颖性和与先前事物的极大差别，本雅明却找到了它们与古老而普遍的实践之间的亲缘性。摄影师其实是“预言者和占卜师”（Augurs and Haruspices）的后人，而摄影则开启了一种“光学无意识”，并“使技术与巫术之间的差异以一种彻底的历史变数的形式被看见”（Benjamin，1999：512）。在这里，本雅明认为，技术与巫术并不属于完全分离的两个世界。技术即照相机设备和它用以表现世界的化学手段。巫术则指向一种接触性的特质和生产超越平常身体的效果之能力。预言者（以鸟类的飞行作为未来事件的征兆的罗马神职人员）和占卜师（通过骨头和内脏来查勘未来之人）以摄影师的身份留在了我们身边，他们那具有魔法的图像为我们诊断着过去与未来。本雅明希望把巫术和技术放在同样的光谱之中，二者相互交融，并且各自拥有在对方的时间线上喷涌而出的潜质。

这一本雅明式的看法在20世纪末时才被人类学家——如阿尔弗雷德·杰尔（Gell，1998：9）和迈克尔·陶西格（Taussig，1993）——所熟知，而我认为，它可以让我们更多了解横跨了19世纪的人类学与摄影的关系。技术与巫术的平行以及关于一个更广阔的图像人类学的诸多问题，再次引用本雅明的话，是“有意义而又隐秘的，足够隐秘到在白日梦之中寻得一个藏身之所”（Benjamin，1999：512）。

三 摄影作为一种写作方式

早年，对本土语言的焦虑是定义摄影的人类学潜力之背景的一部分。这是双重去柏拉图化的一个方面：对柏拉图而言，写作是一个死气沉沉而又危险的传播技术系统，正如阴影和其保持的外在形式是心灵之真相的降格复制品一样。对早期的人类学家来说，外在形式通过泰勒随后所说的“实物课堂”提供了稳定性和确定性。人类学家想获得关于这个极其多元的世界中各种人群的原始资料。1922年，詹姆斯·弗雷泽爵士——《金枝》的作者——得以赞扬源自长期居于“田野”的新型民族志。在介绍马林诺夫斯基改变了研究范式的著作《西太平洋的航海者》时，弗雷泽注意到，其曾“像本地人一样生活……用他们的语言与他们交谈，并从最可靠的来源——个人的观察和当地人用当地语言在没有其他介入或翻译的情况下的直接陈述——来推导他一切的信息”（Frazer，1932：vii - viii）。在19世纪，得出这样的论断是非常困难的。人类学家对语言资料持怀疑态度，而“个人的观察”则缺少它日后方能获得的方法论上的严谨性。“本地人的证词”是一把双刃剑：人类学家们很有可能并不理解它们，因为他们中的大多数人缺少必要的语言能力，但他们也对“本地人”的真诚报以怀疑，事先便认为他们的话语中很有可能充斥着无关、有偏见和不真实的信息。弗拉沃的观察明确地说出了一种对纯语言信息的普遍不信任：“生理特征是最佳的，事实上是唯一可靠的……语言、习俗等可以有帮助或提供指示，但它们常常是误导的。”（Risley，1915：6）随后，连曼恩（他精通安达曼和尼科巴的语言）都认为，“通过照片可以获得比任何语言描述都要多的正确信息”（Griffiths，1996：21）。我们可能会对这一观察增加一个深刻的不确定性，即什么样的声明会被认为与正在发展中的人类学相关呢？与任何一种新的学术实践和学科形成一样，重要的是保有一种参与了其历史的不连贯性和矛盾的感觉，以及以回溯和不合时宜的方式赋予它一个它所缺少的目的和统一性。

从这个意义来说，我们需要强调19世纪的人类学家们对“文化”多么不感兴趣。在那个世纪的大多数时间里，人类身体构筑了像样的研究领域。此外，对大多数人而言，人类学无不是一种比较解剖学的形式罢了。对于“文化”的人类学定义直到1871年才在爱德华·伯内特·泰勒的《原始文化》中出现。更甚，那会儿并没有单一的某种方法论。很多被称为“人类学”的东西是“在现场的人”、理论家和综合论者基于当地的劳动分工之结果。在现场的人有可能是传教士、商人或殖民官。他们中的一些人按自己的方式进行了理论和出版工作，并没有诉诸泰勒或弗雷泽来介入自己的观察。

摄影很快被当成一种资料传输的重要工具，通过它所生产的资料也被认为是可靠的。正如本雅明所写，摄影与它所呈现之物的化学联系事实上是“现实的烙印”（Benjamin，1999：510）。这表明摄影有可能捕捉与表达“毋庸置疑的事实”（Read，1899：87；Poignant，1992：62）。当人类学家从“在现场的人”中被分出来时，摄影被看作一个重要的调停者。19

世纪末，作为新兴人类学中心方法论的田野调查之出现使早先的劳动分工体系土崩瓦解：人类学家现在要负责他们的研究的所有部分了。很多与哈登有联系的人物，尤其是 W. H. R. 里佛斯和查尔斯·加布里尔·塞利格曼是这一新的神圣法则的先行者。然而，是布罗尼斯拉夫·马林诺夫斯基的自我神话化才在20世纪早期使他以一个新学科之父的身份为人所铭记。

参考文献

[1] Adorno, Theodor, Benjamin, Walter (1999), *The Complete Correspondence, 1928 - 1940* (Cambridge: Harvard University Press).

[2] Aird, Michael (1993), *Portraits of Our Elders* (Brisbane: Queensland Museum).

[3] Belting, Hans (2001), *Bild-Anthropologie: Entwürfe für Eine Bildwissenschaft* (Munich: Verlag Wilhelm Fink).

[4] Belting, Hans (2005), "Image, Medium, Body: A New Approach to Iconology," *Critical Inquiry*, (2).

[5] Benjamin, Walter (1999), "Little History of Photographyin Jennings," in Michael W. et al., eds., *Walter Benjamin: Selected Writings, Vol. 1, Part 2, 1931 - 4* (MA: Harvard University Press).

[6] Foucault, Michel (1974), *Words and Things: An Archaeology of the Human Science* (London: Routledge).

[7] Frazer, James G. (1932), "Preface," in Malinowski, Bronislaw, *Argonauts of the Western Pacific: An Account of Native Enterprise and Adventure in the Archipelagoes of Melanesian New Guinea* (London: Routledge).

[8] Gell, A. (1998), "Technology and Magic," *Anthropology Today*, 2.

[9] Griffiths, Alison (1996), "Knowledge and Visuality in Turn of the Century Anthropology: The Early Ethnographic Cinema of Alfred Cort Haddon and Walter Baldwin Spencer," *Visual Anthropology Review*, 2.

[10] Lips, Eva (1938), *Savage Symphony: A Personal Record of the Third Reich* (Newton, Caroline, New York: Random House).

[11] Lips, Julia (1937), *The Savage Hits back or the White Man through Native Eyes* (New Haven, CT: Yale University Press).

[12] Lydon, Jane (2006), *Eye Contact: Photographing Indigenous Australians* (Durham, NC: Duke University Press).

[13] Malinowski, Bronislaw (1937), "Introduction," in Lips, Julia, *The Savage Hits back or the White Man through Native Eyes* (New Haven, CT: Yale University Press).

[14] Pinney, Christopher (1990), "Henta-koi," in Bayly, Christopher, ed., *The Raj: India and the British*, 1600 – 1947 (London: National Portrait Gallery Publications).

[15] Risley, Herbert (1915), *The People of India* (Calcutta: Thacker Spink Roslyn Poignant).

[16] Smith, Benjamin R., Richard Vokes, Richard (2008), "Introduction: Haunting Images," *Visual Anthropology*, 4.

[17] Strassler, Karen (2010), *Refracted Visions: Popular Photography and National Modernity in Java* (Durham, NC: Duke University Press).

[18] Stressler, Karen (2005), "Material Witnesses: Photographs and the Making of Reformasi Memory," in Zurbuchen, Mary, ed., *Beginning to Remember: The Past in Indonesia's Present* (Washington, DC: University of Washington Press).

[19] Taussig, Michael (1993), *Mimesis and Alterity: A Particular History of the Senses* (New York: Routledge).

摄影人类学：图像、媒介、身体、社会*

杨云鬯**

【摘要】人类学与摄影的关系是复杂的。就人类学家而言，摄影既可以是被用于研究过程的记录工具，也可以是用以介入社会、文化现象研究的透镜。当以人类学的视角研究摄影这一实践行为本身时，需要一种以摄影为媒介，勾连图像、个体与社会的综合性研究方法，即“摄影人类学”研究方法。它以摄影这一行为为起点，研究各种与社会、文化相关的社会学和人类学议题。

【关键词】人类学；摄影；视觉文化；摄影实践

一　摄影的人类学的定义：问题的提出

摄影不过是一种司空见惯的经验。任何一个人，在一生中都免不了跟摄影和照片打交道。有谁没拍过一张照片呢？又有谁没看过一张照片呢？既然摄影和照片如此平常，它们又是否还有被研究的价值？

对于人类学家来说，这个问题的答案无疑是肯定的。同样在不到两百年的时间里，社会人类学从一门研究“他者”社会和异文化的学科演化成了如今一种“无所不包”的学科。人类学家早已不再仅仅着眼于对“他者”社会的描述和转译，而把更多的“日常物事”纳入研究体系之中。人类学家和社会学家们通过研究那些普通的“物事”发现，它们“参与了社

---

* 本文原载于《广西民族大学学报》(哲学社会科学版)2018 年第 5 期，收入本书时有修改。

** 杨云鬯，湖南益阳人，伦敦大学学院人类学系物质与视觉文化博士候选人，主要研究方向：视觉人类学、艺术人类学、摄影及艺术理论。

会秩序的构建，催生了在人工制品基础之上的临时结构，以使社会秩序得以稳固和再生产，生产了社会权力的各种形式”（Preda，1999）。在林林总总的物事中，摄影和照片自然也包含在内。对摄影及照片的人类学研究就像一面透镜。通过它，我们可以拓展主流人类学中的理论思考。这些研究同时可以从视觉与物质文化的角度为扩充人类学思想做出贡献（Edwards，Morton，2009）。既然如此，与其在一个过于宽广的空间中询问摄影的定义，我们不如通过人类学这一透镜，来提出更加具体的问题：人类学（家）与摄影有着怎样的关系？人类学又是如何介入对摄影和照片的研究呢？是否存在一种摄影的人类学定义？

本文将通过回顾一系列人类学与摄影研究，并结合笔者基于对中国摄影爱好者和摄影艺术家的田野调查资料，尝试对以上问题做出解答。通过把摄影和照片这种物事看作一种媒介，并将其置于“个体—物—社会”这一社会关系整体的中心，本文试图提出一种“摄影人类学”研究的理论框架，用一种以关系和实践为导向的方式来重新定义摄影这一人类行为。

二　人类学的摄影：民族志的对象、观察者的技术

通常来看，人类学家对于摄影的兴趣是持久而发散的。伊丽莎白·爱德华兹（Elizabeth Edwards）和克里斯多夫·莫顿（Christopher Morton）（2009）曾表示，人类学在其学科发展史上始终是一种“高度视觉化的实践……在有意和无意中为我们留下了丰厚的摄影遗产”。克里斯多夫·皮尼（Christopher Pinney，2011）也在他的著作《摄影与人类学》中以极其丰富的史料为基础，追溯了从维多利亚人类学和早期摄影开始到现代人类学及当代摄影互动相交的“双重历史”。这种双重历史，并不是说摄影史和人类学史呈现平行发展的关系。相反，它们在不同的历史时期均互相缠绕，更像是一种“一体两面”的关系。

这样一种不间断的双重历史结构催生了我们今天能够看到的所有关于人类学与摄影的主题。本文对这些主题依照时间、空间、研究目的等不同分类标准，做了一个大致的划分。

第一个分类是：摄影作为（“人类学”的）研究对象——摄影作为（“人类学”的）研究手段。

第二个分类是：摄影作为一种社会行为——摄影作为一种历史现象。

所谓的“不严谨”，具体体现在以下几个方面。第一，在诸多即将引述的文献中，并非所有文献都是严格意义上的人类学本位的。部分文献更多地从视觉文化、历史学、艺术史乃至摄影理论本身出发，探讨摄影对某地、某人群在一段时间内产生的影响。因此，“人类学”的这一提法并不严谨，故需要为其加上引号。然而，我们也必须意识到，这些研究始终都是与人和社会联系在一起的，因此从一个广义的角度说它们都是“人类学的”研究，也并无大碍。第二，每个组别所包含的两种事实，往往同时出现在同一文献中，只不过因相关作者的意图不同而具有不同比重。读者切不可认为同一组别的两种事实之间存在明确的界限。在关于摄影的民族志研究中，相关作者往往会辟出至少一个章节，来回顾摄影在某地的传入及发展历程。这与我们熟知的许多人类学研究是一致的，正如艺术史家乔治·迪迪－于贝尔曼（Georges Didi-Huberman，2002）在讨论历史学与人类学对时间这一事物的态度时所引用的列维－施特劳斯（Claude Levi-Strauss）的经典论断：“双方都在不断地克服一对永恒的对立面……历史学所要求的进化的模式和常被作为人类学之特征的非时间性。”也就是说，无论我们的研究更加“人类学”还是更加“历史学”，也无论我们主要以一种共时性还是历时性的角度去研究摄影，都无法在某处画上一条清晰的分界线。毋宁说，那些没有分界线的研究才代表为弥补本学科之弱项所做出的努力。同样，当摄影被当成一种社会行为时，它自然也就获得了历史，成为一种历史现象。因此，本文在这里做出这样的粗分类，只是一种便宜讨论的策略，并不意味着两种事实之间是对立关系，也并不可能有了其中一种事实，另一种事实就绝不出现。

在明确讨论前提的条件下，我们可以说，大致来看，以上事实，任选组别 1 中的其中一种，与组别 2 的其中一种进行两两结合，就能基本囊括人类学与摄影的研究。如皮埃尔·布尔迪厄（Pierre Bourdieu）在 20 世纪 60 年代以法文出版的《摄影：一种中级艺术》（Bourdieu，1990），就可被看作一项把摄影作为社会行为的研究。他和他的研究小组一起在 20 世纪 50 年代对法国不同阶层的摄影爱好者进行问卷调查及访谈，对不同阶层的人所拍的照片进行内容分析，认为摄影同时具备社会整合及社会区分的功能，并讨论摄影的仿真性如何满足当时法国大众对自然主义美学的追求，以及定义摄影在审美品位的阶级中所处的“中级”位置。与此类似，皮尼在20世纪八九十年代对印度中部商业摄影工作室进行的研究（Pinney，1997），克里斯托弗·赖特（Christopher Wright）在21世纪初关于西所罗门群岛的罗维亚纳人（Roviana）如何理解与使用摄影的研究（Wright，2005），凯伦·思佳斯勒（Karen Strassler）对印度尼西亚的“国民性”、现代性和摄影之间的关系之讨论（Strassler，2010），以及青年学者席琳·沃顿（Shireen Walton，2015）对伊朗摄影爱好者及其作品政治意涵的分析，都是在某一时间段内，对某地的摄影活动进行集中的民族志调查，把摄影作为社会生活中的一种“物事”，讨论其所折射出的社会和文化状态。在这些研究中，历史相对而言扮演了较为辅助的角色，但也有着自身独特的重要性。作为“摄影之另外的历史”，它们的存在强调了非西方社会对于摄影的本土化，促使我们对主流西方摄影历史及理论进行反思（Pinney，Peterson，2003）。由此，皮尼在他第一本关于印度中部摄影工作室的民族志出版9年后总结摄影研究的7个主题时，把“所有的摄影都是世界摄影体系的一部分”作为一切摄影研究的前提，提醒我们注意，在一般情况下，所谓的“核心”摄影史，讨论的不过是欧美的摄影实践罢了（Pinney，2012）。

与此相比，凯莉·罗斯（Kerry Ross，2015）的专著探讨了日本明治时期摄影的传入及其对当地经济和社会产生的影响，这基本可被定义为以摄影为研究对象的历史研究。从历史文献出发，罗斯的写作涵盖了19世纪末东京日本桥的摄影设备交易商店、20世纪初各品牌推广摄影器材的海报和大众摄影的指导说明文件、摄影爱好者的沙龙及竞赛，以期通过摄影这一技术在日本的大众化和艺术化过程来构筑明治日本社会的视觉文化史。值得注意的是，虽然这类研究关注的是历史问题，但其出发的角度与传统的摄影史和艺术史之间有着本质的差别。正如摄影史家杰弗里·巴特钦（Geoffrey Batchen，2008）所言，经由大众摄影所生产出来的影像是艺术史所难以介入的，“我们需要一种研究历史的前卫手段，而不是另一种关于前卫艺术的常规历史……我对于我们现有的、标准的摄影史所抱有的不仅仅是内容的问题……我更关心的是历史话语模式本身和构建这一历史的概念之筑基”。这种对于“大众摄影”的研究，在某种意义上也是皮尼所说的“摄影之另外的历史”。只不过皮尼的原意所指向的是“中心—边缘”

“殖民—被殖民”的地理概念，而罗斯和巴特钦所提出的这种“研究历史的前卫手段”更加注重一种福柯式的对历史本身的谱系学介入，因此这种研究并不强调地理空间的差异，同样适用于西方的研究。对于巴特钦而言，从对艺术家及艺术风格的线性历史研究转为对一般的、大众的图像的研究是艺术史的“民族志转向”。他把诸如皮尼和爱德华兹等人的研究均归在视觉文化这一新兴的学科范式之下，是一种衔接人类学、社会学及艺术史的可取尝试，对于打破学科边界有积极意义。然而，他的立足点始终由摄影史主导，并不能够对现有的视觉文化中所包含的各种研究做出系统性的细分及评价。对于“民族志转向”提法，在这一写于2008年的重要论著之后再无深入探讨，着实让人遗憾。

另外，上文所举皮尼的《摄影与人类学》与爱德华兹所编著的另一本著作《人类学与摄影：1860～1920》均着重从历史的角度出发，还原早期的人类学家（或更早的比较解剖学家）是如何在世界殖民体系的框架下利用照片的真实性来对非西方社会的族群进行研究的。这类历史研究的特殊性在于，它们的出发点是人类学的学科史，因此特别强调在变化的历史话语下人类学研究对象和范式的改变，以及这些改变如何主导人类学家对摄影及照片的运用。

据皮尼考证，在马林诺夫斯基创立现代人类学以前，作为一种表征（representation）和记录工具的摄影基本上在两种拍摄理念之间徘徊。一方面，摄影是人种学家和古典人类学家“科学化”学科的工具。对人体的准确复制让诸如兰普雷系统（Lamprey's System）的体质测量工具经学者与殖民官之手传往殖民地，使每一个独特的个体都有了成为被用作科学研究之“标本”的可能。埃弗拉·图尔恩爵士（Sir EverardimThurn）和曼恩（E. H. Man）等人则反对这种做法，认为拍摄者不应把被摄者当成“死物”，而应当以共情（empathy）为出发点，拍下当地人自然的状态，使照片带有美的意味（Pinney，2011）。其后，波特曼（Maurice Vidal Portman）、博厄斯（Franz Boas）、哈登（A. C. Haddon），以及马林诺夫斯基的摄影实践均各有特色，但基本都可以在“科学”与“美”、“严谨”与“自然”、“客观”与“主观”的取向之争下找到位置。自哈登开始，如何要求被摄者根据拍摄者的要求做出相应的行为和表情又成为新的问题（Pinney，2011），马林诺夫斯基本人甚至导演了“白人人类学家本人在特洛布里安原住民间进行田野调查”的拍摄（Pinney，2011）。

爱德华兹所编著的《人类学与摄影：1860～1920》可以说第一次对人类学与摄影之关系和历史进行系统梳理。全书的图片资料基本建立在英国皇家人类学会的摄影收藏基础之上，由理论、历史类的6篇文章和4个案例分析组成。也是在本书所收录的其中一篇文章中，皮尼第一次提出了摄影和人类学的历史有所呼应的观点（Pinney，1992）。而就爱德华兹而言，摄影这一承载了历史与时间的媒介与强调共时性研究的功能主义和结构主义人类学确有矛盾之处。但更为重要的是，其指出唯有在一种人类学学科史和政治的语境中对这些早期有着人类学意义的影像进行解读，才可以让我们真正从源头上反思诸如“他者”“科学”“知识”等概念的生产与西方中心主义之间的关联。也是从这里出发，爱德华兹把“语境”的理论进行拓展，在9年后将摄影和照片总结为一种“物事”，它们在不同的语境下有着不同的社会历程（Edwards，2001），与表征、权力、政治、经济等复杂的社会文化话语相勾连。

最后，当我们把摄影作为研究手段的这一功能置于某一相对静止、稳定的社会及时间之中，就会发现有一类偏向指引手册的实用类著作，如科利尔父子（John Collier Jr.，Malcolm Collier，1986）合著的《视觉人类学：摄影作为一种研究方法》一书。该著作于1967年首次问世，该书作者之一小约翰·科利尔的父亲是一名社会学家，曾在罗斯福新政期间负责管理印第安人事务。小约翰在而立之年后曾为20世纪40年代受美国联邦农业安全管理局（FSA，Farm Security Administration）雇用的摄影师之一。他们记录罗斯福新政下美国人的生活和精神面貌，在西方摄影史上被认为是早期纪录片（代表人物如约翰·格里尔森和德加·维尔托夫等）的理念在摄影领域的继承人（Marien，2014）。随后，他以摄影为业，辗转于加拿大和南美洲。1950年，他加入了康奈尔大学的一个研究团队，对栖居加拿大三个海洋省份之人的心理健康状态进行调查，由此开始系统地总结摄影在田野调查中的角色和功能。该书作者举了自己的田野调查经历和摄影经历，分章节介绍了摄影这一记录工具可以怎么用、在田野调查中什么值得拍、在异文化社会中拍照的伦理及准则、如何边做访谈边拍照等。尽管如“摄影可以拉近调查者与被访者之间的距离”（Collier，Collier，1986）的这种论断稍显武断，且科利尔父子对视觉人类学的理解与现在众所周知的作为人类学分支的视觉人类学有所不同，但他们提倡把摄影广泛运用到田野调查中，其在方法论的意义上对视觉人类学这一分支学科的建立有着积极的意义。

通过对以上研究的回顾及分析，我们基本上可以把人类学视域下的摄影看作一个民族志的书写对象和一种观察的技术。但是何谓“观察”？我们不妨从两个历史事实出发。1980年，当英国皇家人类学会在伦敦的摄影家画廊进行一系列藏品展出时，展览的题目叫“人类的观察者”（Observers of Man）（Benthall，1992）。科利尔父子也在他们的书中写道：“照相机那批判的眼睛是在收集精确的视觉信息时必不可少的工具，因为我们现代人常常是缺乏观察力的观察者。”（Collier，Collier，1986）我们该如何理解这种“观察”呢？它跟人们平常所说的“看”（see）或“旁观”（spectator）又有什么区别？视觉文化学者们（借用巴特钦的定义，这里面包括来自人类学、社会学、艺术史等背景的学者）所用的这个词语是否指向了一个学科化或科学化的视角？“观察者”又是谁，是怎样的一种角色？本文认为，只有理解“观察”和“观察者”这组概念，才有可能继续谈摄影的人类学本质。作为一种视觉技术，摄影之眼无疑为人类之眼提供了一种可遵循的现代观看方式，规训了人们的观察和认知。艺术史家乔纳森·克拉里（Jonathan Crary，1992）也在著作《观察者的技术：论19世纪的视觉与现代性》中印证了这一观点。在这一关于摄影之史前史的书中，克拉里界定了“观察”的拉丁文词根“observare”有“遵循”之意。观察者自然是一个用眼睛看的人，但“更重要的是，这一观察者是在一整套预先设置的可能性中进行看这一活动的，也是内嵌在一个有着传统和限制的系统之中进行看这一活动的”（Crary，1992）。

因此，视觉文化学者对摄影的研究，事实上是对观察者及其背后的视觉机制的探索。就以艺术作品和艺术家为研究对象的艺术史学者而言，这意味着他们需要跳脱原有的研究材料，去重建一种异质的时间：横亘在19世纪艺术界对抽象艺术的追捧及大众对写实技术的追求之间的“断裂”（Crary，1992），无疑包含至少两种截然不同的观念，而它们却共享一种在内部矛盾重重，拥有多重政治、经济、哲学维度的历史进程和社会机制——现代性。矛盾的是，从暗箱、魔灯、全景照、幽魂剧场到塔尔伯特（Henry Fox Talbot）和达盖尔（Louis Daguerre）几乎同时宣布摄影术的发明（Watson，Rappaport，2013），懂得借助现代性的眼睛——光学仪器。同时受到这些仪器规训的“观察者”们既包括皮尼和爱德华兹等人笔下的早期古典人类学家，也自然包括克拉里的书中那些追求真实的影像效果和借用“浮光掠影”来寻求感官刺激的现代大众（Buck-Morss，1992）。贯穿现代之产物的人类学与摄影“双重历史”始终是“表征”和“阐释”两个问题。人类学家是如何把照片的精确复制理解为“科学证据”的？又是如何通过这些“证据”进行“科学研究”的？从什么时候开始，人类学家对摄影这一观察工具及其背后的政治和权力进行反思？摄影本身最终又能否成为一种超越光学的媒介，让人类学家不通过相机的取景框，而是通过摄影这一行为本身来介入对社会和文化的讨论？这些将是本文之后着重关注的内容。

三　摄影人类学：图像、媒介、身体、社会

在不提供任何语境及背景的条件下，“摄影人类学”这个提法看起来或许有些难以理解。然而，通过前文对相关著作的回顾和评价不难发现，人类学或视觉文化对摄影的介入事实上就是以摄影所携带的“人类学特性”为前提的。那么，何为摄影的“人类学特性”呢？首先，前文的文献回顾并不局限于人类学本位的研究，说明这种“人类学特性”的范围比社会人类学（这是“英国的发明”）或文化人类学更加宽泛。同时，它们的研究范围包含从古典人类学到现代人类学的时间范畴，也包含从原住民社群到现代社会的空间范畴，因此其又比现代人类学的范围更加宽泛。这种摄影的“人类学特性”在本质上是摄影这一技术与人类之间多层级的相互关系。对摄影之“人类学特性”的研究事实上就是讨论一种具体的“物事”对人类及他们所组成的社会而言究竟意味着什么。

本部分所论及的内容，即“图像、媒介、身体、社会”，取自艺术史家和媒介研究学者汉斯·贝尔廷（Hans Belting，2011）的《一种图像人类学：图像、媒介、身体》一书。贝尔廷在书中坦言，他所说的“人类学”，并不具有“民族学”意味，而更加强调它的欧洲传统，即一种“康德式的对于人和人性的一般性定义”，这与本文的立足点是一致的。贝尔廷认为，对图像的研究需要这么一种人类学的介入，对人脑海中的图像和外在肉眼

可见的图像同时从文化角度加以考察，以重建一种图像学（Iconology）。因此，图像、媒介、身体对于贝尔廷来说具有一种递进关系：首先理解图像，进而理解图像赖以生存的媒介，最后理解作为媒介的身体，以及人的心和眼如何与图像及媒介进行互动。在本文看来，贝尔廷与克拉里的研究内容和路径尽管有较大差异，但其实他们的出发点是一致的，都是对传统的以名家名作为中心的艺术史研究进行解构性的反思。然而本文借用贝尔廷所提出的这几个概念的目的，并不是要对其研究出发点和方法进行复制。在本文中，图像、媒介、身体、社会更像是帮助我们把握摄影人类学内涵的关键词，以区分"摄影人类学"研究和一般的摄影研究、历史研究和文化研究。其中，图像、媒介和身体更偏向个体经验，但它们都应当被放在某种特定的社会或文化语境中进行讨论。摄影是生产照片的行为，而照片（不论是可以拿在手上的胶片还是存在于各种屏幕中的数字照片）是一种对图像的固定，即图像的承载物。照片本身因而是自然的现实与机械之眼之间的媒介。由此，摄影是一种媒介，照片也是一种媒介。所谓媒介，即中介物，勾连了各方关系。罗兰·巴特（Barthes，1980）在《明室》一书中曾经阐述过一对"操作者"和"观看者"之间的关系。他认为，操作者即拍摄者，而观看者即看照片的人，摄影和照片就是二者之间的一种媒介。此外，他还坚持应当用一种现象学的方法去看照片，去追问"我的身体对于照片有些什么了解"。在这一基础上，照片又成为激发旁观者对知识之联想和情绪之感受（Barthes，1980）的载体，成为联系身体和感知的媒介。诚如克拉里所言，摄影在被发明以前，人类已经利用诸如视网膜的残影效应发明了诸多光学仪器，这折射出大众对一种现实的影像的追求，更蕴含了一种观看方式的改变。但是这些光学仪器不也是图像和人眼之间的媒介吗？不正是它们让栩栩如生的影像印在19世纪人们的视网膜上吗？那么摄影的出现，除了重申人们对现实影像的追求以外，又还有没有与克拉里笔下的那些光学仪器不一样的地方呢？答案自然是肯定的。和那些不断进入、消逝继而成为记忆的浮光掠影不同的是，摄影让人们第一次把一种"曾经在此""独一无二"（Barthes，1980）的时刻实体化了。换言之，我们的记忆被固定了下来，仿佛无论记忆在脑海中如何消退，只要有了照片，人就拥有了记忆本身。照片是连接记忆与现实的媒介。

摄影这种复制现实、显现现实的能力刺激着人们保存记忆的欲望。特别是在有纪念意义的场合或肖像摄影中，人们更加热衷于用照片留作纪念。这种“燃烧的欲望”（Batchen，1997）不断刺激19世纪的发明家以科学为名，尝试把影像固定、留存下来（Watson，Rappaport，2013），也不断刺激摄影的市场化和民主化进程。如果说19世纪中叶纳达尔（Nadar）的名人肖像、勒·格雷（Le Grey）和比松兄弟（The Bissons）的高端肖像摄影工作室仍然是特权阶级的象征，那么A. A. E. 迪斯德里（André Adolphe Eugène Disdéri）所创造的大众肖像摄影模式无疑实现了普通人拥有一张私人肖像的愿望。这一“商业摄影之父”的商业摄影帝国在19世纪60年代就达到顶峰，几乎击败了他所有的竞争对手，所凭借的正是迪斯德里发明的一次可印制10张6厘米×9厘米大小肖像的专利技术（Freund，1980）。技术和市场刺激人们的欲望，欲望反而促使技术和市场不断发展。正是在这种张力之下，摄影成为一种平民大众的共同经验。

在一个层面，照片是忠实的复制，因此摄影是制造证物的行为。小到家庭相册中记录了一个人出生、毕业、结婚、死亡的照片，大到法庭上用以推翻罪犯的不在场证明的影像，照片的这种证明属性和见证功能使摄影被看作一种客观而真实的媒介。然而，稍微对摄影理论或视觉文化有所涉猎的读者都会对此提出质疑，因为大量的文本和经验提醒我们，照片的客观和真实是相对的。专业人士可以在暗房里对照片中的元素进行增减，而类似的操作在数字时代变得更加便捷了。在笔者与国内摄影爱好者的相处中，不仅发表在网络上的照片几乎全都经过“改造”，他们甚至还发展出一套完整的理论，以指导自己的拍摄。比如，“前期”指拍摄者在现场拍照的过程，需要把控好构图、光线等；而“后期”则指利用如Photoshop、Lightroom等电脑软件对“前期”的“原片”进行处理的过程。从“前期”的视角选择和画面内容的操纵到“后期”用不同色调和裁剪工具来表达情绪和目的，笔者的大多数报道人认为只有把控好这两个“流程”，才能制作出理想中的照片。

另外，被摄者在面对相机镜头时总会呈现他们理想中的样子。皮尼在20世纪90年代印度中部的田野调查显示，正是由于照片是对某一时刻的忠实复制，因此在摄影工作室拍摄肖像的客人们才更会在被拍摄的那一刻努力呈现“更好的结果”。在当地的工作室拥有者Vijay看来，他的客户

"都想让自己在照片中呈现最好的状态……他们不想穿每天都穿的衣服……他们不想要表现真实的照片"（Pinney，1997）。

最后，人们可以在不同的时空背景下对同一张照片做出多种解读。摄影师菲利斯·比亚托（Felice Beato）曾在印度民族起义和第二次鸦片战争期间用相似的手法来表现他所服务的大英帝国是如何在"野蛮的"东方取得胜利的。为了使照片的画面更具"冲击力"，满足英国市场的心理需求，比亚托会在勒克瑙斯坎德花园（Sikandar Bagh at Lucknow）被攻陷四五个月后要求把已经被整齐盖好的尸体重新暴露在日光之下，让尸骨散落在斯坎德花园的外围（Pinney，2008）。他还会要求把大沽炮台的清军尸体（Roberts，2013）集中堆放，使照片中的画面看起来更为惨烈。用现在的新闻摄影职业道德来看，比亚托显然有愧于他"现代战争摄影先驱"的这一褒义称号。但如果我们考虑到他的商业动机、道德保障（"文明的"英帝国为其背书）和当时西方社会的主流思潮（建基于科学革命之上的"文明"和"野蛮"观念），那么比亚托的这种做法就变得"顺理成章"了。这也正是巫鸿所讲到的"历史物质性"（巫鸿，2008），即我们在考察艺术品（本文认为，应当不局限于艺术品，可扩展至广义的图像）时，会很自然地赋予它们在当下的文化和社会背景下新的意义，但它们原有的社会文化语境也是不可被剥离、忽视的。据以上例证，我们显然可以说，摄影也是"伪造"证物的行为，承载了拍摄者、被摄者和旁观者的多重愿望及动机。

在另一个层面，照片却又只能是"微不足道的片纸"。它与语言不一样的是，语言是结构化的，可以更为灵活地表达人的意思，而照片则是平面的，它只是照相机的一种光学结果，体现了一种纸张之上的化学反应。照片本身仅仅指向一个微观事件，而我们从照片中却更加希望读到宏观的、一般化的历史和社会信息。在这里，一方所能提供之物与另一方所期待之物产生了断层。皮尼说，照相机无法撒谎；正如杰尔所说，图像无法说话。因为二者均在"生理上"缺少了可以撒谎或说话的先决条件。唯有照片，所谓的"摄影图像"这种用沉默来揭示不可言说之真实、用像似符号之外在完成指示符号之功能的媒介，以它无所不在又无比暧昧的特征，让人道不清是我们根据自己的意图创造了照片，还是照片塑造了我们对于事件和记忆的认知。因此，如果说照片是欲望的载体，那么这种"欲望"，将不仅仅是拍摄者的意图、被摄者的期待以及旁观者的所得，因为在这一层面的“欲望”，都是人们想象他们能够从照片中得到的东西。由此，在一个更加基础的层面，“欲望”或许需要被理解成一种关系，而非仅仅是生发于人、作用于物的单向度行为：人们想从照片中得到什么？照片又能够为人提供什么？这种以关系为导向的思考所通往的将不是一种描述，而是一种填补断层的方法。它是一种解释性的框架，可用以重新定义在本文所讨论的“摄影人类学”语境下的照片之本质。

因此当我们在讨论摄影时，首先需要明确自己在整一个实践之中所处的位置：我是拍摄者、被摄者还是旁观者？从不同的角色出发，我们会对摄影有不一样的期待，而摄影也会给予我们不一样的回应。所谓的“摄影实践”，又可以具体细化到这一活动的图像生产、图像传播和图像消费三个方面。

图像生产，指拍摄者通过摄影器材拍照、冲放（胶片）、后期（数码），最终得到一张摄影图像的过程。图像传播则指这张摄影图像通过特定的媒介（印刷或互联网在线传播）趋于受众的过程。图像消费，则指受众观看、解读照片的过程。在整个实践过程中，主要牵涉三方关系，这三方分别为拍摄者（或拍摄物，强调非人为因素，如监控摄像）、被摄者（物）和旁观者（物）。然而，三方并不总是泾渭分明。比如在“自拍”情况下，三者可以是同一个动作发出者。而在家庭摄影中，首先对照片抱有期待的观众往往也是被拍的人。在三者不相互交叉重叠的情况下，本文罗列了摄影实践的各个过程与所涉三方的相互关系，并以列表形式列出（见表1）。这一基于相互关系的视角受到了阿尔弗雷德·杰尔在讨论、定义艺术人类学时所提出的网络关系结构的影响（巫鸿，2008），它的目的在于构筑一套对摄影实践的整体分析系统。

表1　摄影人类学的实践

方面	拍摄者（物）		被摄者（物）		旁观者（物）	
图像生产	技术的制约、视野和观众的制约	器材、媒介（数码还是非数码?）、主题、构图、目的、时间等；摄影满足了心理需求	拍摄者是否可信？是否达到预期的拍摄目的？	摆姿势、向镜头和拍摄者呈现理想的甚至更好的自己	生产过程的某些技法可影响旁观者的感官感受，乃至形而上的思考	对生产过程的了解得以让旁观者对图像及其生产过程做出评价，旁观者常为评论者

续表

方面	拍摄者（物）		被摄者（物）		旁观者（物）	
图像传播	图像传播方式决定了图像的“物性”，反映出拍摄者对受众的期待	集中体现拍摄者对图像载体之“物性”的选择，以及这种选择的原因；“图库”与图像被销售使用	以某种渠道或方式进入传播环节的图像也许会对被摄者的实际状态造成影响	是否同意某种传播渠道或图像的特定用途（如商业用还是新闻用）	传播渠道决定受众在什么场合，甚或能否接触到图像；有些传播具有排他性	旁观者可以根据自己的喜好选择观看的平台或渠道，拥有对再现图像媒介的选择权
图像消费	图像被消费后所产生的反馈将影响拍摄者接下来的拍摄	作为图像的制作者，对于图像消费的关注主要在于想象将图像以何种形式呈现给哪些受众	得到的反馈可能并不是有关图像整体的，而是对被摄者的直接评价	需要考虑到图像的消费者是谁，品位如何，以决定有无满足对方的必要	反映了旁观者的品位及评论水平，影响旁观者的感知和情绪	根据自己的品位及喜好选择观看的图像类型或具体的图像，以满足自身心理或审美需要

在长期的田野调查中，笔者发现，当代中国摄影爱好者的实践多围绕表中两两关系进行。而每一对关系，都内嵌在由人类文化自身所构筑的“意义之网”中。

比如，就受访的大多数摄影爱好者而言，摄影同时是自我表达和构建社交圈的重要手段。作为拍摄者时，他们重视相机和镜头的品牌和价格，不仅是因为各个品牌有独家的技术或价格高的相机和镜头可以拍出质量更高的图像，还因为品牌可以成为一个爱好者集体的标识，而价格区间有助于摄影爱好者寻找经济条件或社会地位与其相当的其他爱好者，以更好地进行交流。此外，在以数码器材为主流的当下，仍有喜用胶卷相机及胶片进行拍摄的爱好者，其也聚集在各大互联网社区上。“胶片”标签在新浪微博、图虫、500px、网易 LOFTER 等新兴社交媒体中都具有相当高的热门度。对于照片之“物性”的选择，不仅与拍摄者的怀旧情怀与追求的照片成像效果有关，还显示了其经济实力。除了这种以媒介本身为标准的聚集方式外，还存在以地域为基础的摄影爱好者群体。这种传统的聚集形式在中国摄影史上并不少见，“陕西群体”“北河盟”等都在中国摄影的历史上有着重大影响。尽管互联网技术的发展使不同地域之间的摄影师的交流更为频繁，但处于同一地区的摄影爱好者仍有在线下组织社交活动的需求。互联网的存在反而让临近的爱好者能够更加迅速、准确地找到同好。拍摄者“拍什么”，是更喜欢拍风景、拍建筑、拍人像，还是所谓的拍“自己的内心”，也在很大程度上决定了某些爱好者组织的核心建构。不一样的摄影圈子也发展出了不一样的文化氛围和社会行为，如定义自己为“风光摄影师”的爱好者通常会在发布自己照片的同时强调对“机位”（即具体的拍摄地点）的搜寻、天气和其他自然环境等信息，而“人像摄影师”则更多关注“如何找模特”“如何后期修脸”等问题。

对于拍摄者来说，图像传播和消费问题也会在他们的考虑范围之中。互联网摄影社区的运营机制、用户体量都影响着摄影爱好者们的实际选择。笔者在采访一名社区主编时得知，他摄影就是因为最开始时他的照片在互联网上获得了积极的反馈，让他交到了朋友，所以他认为，互联网摄影社区的运营就是要不断地提高爱好者的“水平”，让他们获得更多的认可，由此增加社区的用户量。就社区而言，拍摄者也同时是消费者，这二者是“用户”这一概念的一体两面。这些发生在虚拟或真实空间的行为，均呼应了布尔迪厄关于摄影同时是社会区分和社会聚集的观点（Bourdieu，1990）。

如果我们从被摄者的角度来看摄影实践，那么又会认为有更多诸如被摄者在相机前如何表达自己，他们又是如何想象观众等问题值得探讨。除了前文所提到皮尼在印度中部摄影工作室的例子以外，思佳斯勒也在印度尼西亚的田野调查中发现了类似情况，并把这种希望通过照片来看到“理想的自己”的功能归结为摄影的“表征价值”。在她所呈现的两张用于例证的照片中，两位印度尼西亚的小男孩在照片里像乘坐在一架老式飞机之上，而三位印度尼西亚年轻女士则在汽车的幕布后做出正开车的样子。思佳斯勒指出，这些摄影工作室以“现代性的符号”引出被摄者内心的欲望，“把这种‘表征价值’从公共奇观转变为虚拟的私人财产”（Strassler，2010）。在笔者的调查与实践中，多数被摄者对照片的期待都是“人美”以及“景美”。“美”的概念是因人而异的，难以定义。但是总体而言，“人美”需要包括被摄者对于脸部及身材的满意，而“景美”则不单单指在光线、色彩上对背景的把握，还需要考虑背景本身的选取是否有“高度象征意义”（Bourdieu，1990）。如一位摄影师曾跟笔者抱怨，他在给新婚夫妇拍摄婚纱照时，会被反复要求必须拍到，甚至“拍全”背景中的某些地标建筑。而许多摄影师或被摄者完成了在某一特定场所的照片后，会把照片发布在社交媒体上，并开启移动设备的GPS全球定位功能，在互联网上显示自己的定位信息。

在这里，无论是印尼摄影工作室里的被摄者还是互联网时代显示定位信息的摄影爱好者，都利用了照片作为“证据”的特性，以凸显自己对理想生活的想象或展现自己已有的生活方式。作为一种媒介，摄影被自然地编织进了“意义之网”中，成为使这种想象或展示成为可能的工具。它不再仅仅是制造图像的一种行为，还成为人们进行身份构建的一种手段。除此之外，据笔者对部分国内外互联网摄影社区，如EyeEm、图虫等的调查，如果照片的拍摄者希望自己的照片能够通过这些社区的图库平台进行商业销售，则必须与被摄者（或被摄物的所有方）签署书面商业授权协议，因此从被摄者的角度来说，图像的传播有时还与法律、经济等事务有关联。当然，这种关联也为拍摄者、被摄者和社区之间建立了更加复杂的经济和法律关系。

最后，从旁观者角度来审视摄影实践，一般在学界被考虑得较多的是观众对于图像的观看即消费问题。在摄影理论和视觉研究领域，观看问题始终处于讨论与争辩的中心。一项研究只要涉及对图像内容的分析，事实上就已经至少预设了一种“作者本人”的观看视角，因此，许多优秀的理论家及评论家事实上有意无意地经年耕耘于这片土壤之中，几乎所有对摄影这一实践有过论著的作者们都谈到了该如何看一张照片或至少自己是如何去阅读一张照片的。然而，他们中的很大一部分过于关注图像本身，深受阿比·瓦尔堡在100多年前所提出的“感怆程式”（Ginzburg，2017）的影响，而忽视图像的生产、传播是图像呈现的前提，这三者不应该被分割而论。作为图像的消费者，如果不了解图像的生产语境，也不知道自己是在什么样的环境和渠道中观看图像，那么对于图像的解释便总会有所偏见。图像与其他“物事”一样，无法脱离语境存在，更无法脱离其固有的“历史物质性”。

更让人遗憾的是，即便其中有一些学者对图像生产、传播与消费进行完整考察，他们的立足点也仍然局限于西方的摄影实践，由于技术上的局限、材料的缺失或其他原因，其无法把照片的流通放到一个全球语境下进行分析或对比。正如上文详细分析的那样，这一项工作正由一些人类学家进行补充，特别是在数字化浪潮中，我们再也没有借口不去关注摄影实践的跨国及跨文化现象了。

综上，本文所提出的“摄影人类学”研究，既不是机械地用社会文化人类学的方法去研究摄影，也不是简单地去讨论人类学家对摄影技术的运用。它把摄影作为一种勾连图像、个体和社会的媒介，作为一种分析社会、文化的理论导入，试图探讨不同的人类社会之视觉历史、观察技术和人们对图像的认知，以深入了解我们的视觉文化中潜藏着怎样的时代精神。相信这一研究的深入展开将有助于我们在这个所谓的“图像时代”中更加明确地知晓摄影为何重要，乃至“图像想要什么”，从而引导我们走向一种真正的“图像本体论”。

参考文献

[1]〔美〕巫鸿（2008）:《美术史十议》，生活·读书·新知三联书店。

[2] Barthes, R. (1980), *Camera Lucida* (London: Vintage Books).

[3] Batchen, G. (2008), "Snapshots: Art History and the Ethnographic Turn," *Photographies*, 1 (2).

[4] Batchen, G. (1997), *Burning with Desire: The Conception of Photography* (Cambridge, Massachusetts, London: The MIT Press).

[5] Belting, H. (2011), *An Anthropology of Images: Picture, Medium, Body* (Princeton, Oxford: Princeton University Press).

[6] Benthall, J. (1992), "Forward," in Edwards, E., ed., *Anthropology and Photography: 1860 – 1920* (New Haven, London: Yale University Press).

[7] Bourdieu, P. (1990), *Photography: A Middle-brow Art* (Oxford: Polity Press).

[8] Buck-Morss, S. (1992), Aesthetics and Anaesthetics: Walter Benjamin's Artwork Essay Reconsidered, 62.

[9] Collier, J., Collier, M. (1986), *Visual Anthropology: Photography as a Research Method* (Albuquerque: University of New Mexico Press).

[10] Crary, J. (1992), *Techniques of the Observer: On Vision and Modernity in the Nineteenth Century* (Cambridge, Massachusetts, London, England: MIT Press).

[11] Didi-Huberman, G. (2002), "The Surviving Image: Aby Warburg and Tylorian Anthropology," *Oxford Art Journal*, 25 (1).

[12] Edwards, E. (2001), *Raw Histories: Photographs, Anthropology and Museums* (Oxford, New York: Berg).

[13] Edwards, E., Morton, C. (2009), "Introduction," in Morton, C., Edwards, E., eds., *Photography, Anthropology and History: Expanding the Frame* (Surrey and Burlington: Ashgate).

[14] Freund, G. (1980), *Photography & Society* (London: Gordon Fraser).

[15] Ginzburg, C. (2017), *Fear Reverence Terror: Five Essays in Political Iconography* (Calcutta, London, New York: Seagull Books).

[16] Marien, M. W. (2014), *Photography: A Cultural History* (London: Laurence King Publishing).

[17] Pinney, C. (2008), *The Coming of Photography in India* (London: The British Library).

[18] Pinney, C. (2011), *Photography and Anthropology* (London: Reaktion Books).

[19] Pinney, C. (2012), "Seven Theses on Photography," *Thesis Eleven*, 113 (1): 141 - 156.

[20] Pinney, C. (1997), *Camera Indica: The Social Life of Indian Photographs* (London: Reaktion Books).

[21] Pinney, C. (1992), "The Parallel Histories of Anthropology and Photography," in Edwards, E., ed., *Anthropology and Photography: 1860 - 1920* (New Haven, London: Yale University Press).

[22] Pinney, C., Peterson, N. (2003), *Photography's Other Histories* (Durham, London: Duke University Press).

[23] Preda, A. (1999), "The Turn to Things: Arguments for a Sociological Theory of Things," *The Sociological Quarterly*, 40 (2).

[24] Roberts, C. (2013), *Photography and China* (London: Reaktion Books).

[25] Ross, K. (2015), *Photography for Everyone: The Cultural Lives of Cameras and Consumers in Early Twentieth Century Japan* (Stanford: Stanford University Press).

[26] Strassler, K. (2010), *Refracted Visions: Popular Photography and National Modernity in Java* (Durham and London: Duke University Press).

[27] Walton, S. (2015), "Re-envisioning Iran Online: Photoblogs and the Ethnographic 'Digital-Visual' Moment," *Middle East Journal of Culture and Communication*, 8.

[28] Watson, R., Rappaport, H. (2013), *Capturing the Light: A True Story of Genius, Rivalry and the Birth of Photography* (London, Basingstoke and Oxford: Pan Books).

[29] Wright, C. (2005), "The Echo of Things: The Lives of Photographs in the Solomon Islands," University College London.

摄影人类学的困境与前景*

熊　迅**

【摘要】 本文以社会纪实摄影和人类学影像为研究对象来探讨摄影人类学的困境和前景，通过梳理两者在建构他者的过程中形成的互相呼应的表达范式，进而分析其背后的具有一致性的认识论的发展脉络。在主体和对象关系上，两者皆通过强化差异性来把他者进行对象化处理，都经历了从猎奇异化到系统性现场观察方法的方法论发展脉络。科学主义和形式美学成为文本的客体化建构的双重路径。在意义网络的建构上，两者均需要通过阐释学的引入，来反思、拓展“自我”与“他者”的影像联系和文化关系。

【关键词】 他者建构；纪实摄影；摄影人类学；阐释理论

一　问题的提出

人类自发明摄影以来，都在试图用影像这一技术工具来复现或表述自然世界和社会生活。其中，纪实摄影作为一个摄影子门类，特指涉及人类社会生活实况的现场记录，其基本要素是社会性和纪实性。在印刷术普及和新闻传播业的组织规模不断扩大的同时，本雅明所谓“机械复制时代”

---

* 本文原载于《广西民族大学学报》（哲学社会科学版）2018 年第 5 期，收入本书时有修改。本文是国家哲学社会科学基金青年项目“滇西跨境民族的文化保护与传播整合研究”（项目编号：12CMZ037）、中山大学校级本科教学质量工程项目“新媒体与纪实影像的教研互动研究”的研究成果。

** 熊迅，重庆人，博士，中山大学传播与设计学院副教授，主要研究方向：视觉人类学、媒介人类学。

中的纪实摄影也在20世纪开始走向滥觞，其中一部分强调对新闻事件的快速反应和及时报道或深度报道，即新闻摄影或报道摄影；一部分则偏重于对较为稳定的社会生活和人文世界做出深入的观察和系统的呈现，即具有文献价值的纪实摄影（李文方，2004）。视觉人类学则从属于社会人类学，在早期，其学科领域集中在对人类学摄影、民族志电影的制作和研究上，即国内翻译为影视人类学的传统意涵，影像在其中被视为工具和技术，可以使研究成果形象化和大众化。在晚近时期，视觉人类学者一方面继续尝试运用新的视听媒介，来呈现人类学研究内容，另一方面把视觉文本、视觉行为、媒体世界和视觉群体视为研究对象，从而为深入理解文化提供新的可能。不管哪种方式，影像和视觉一直以隐性的方式参与人类学的整体实践，甚至有研究者认为，所有人类学家都是影视人类学家（箭内匡，2017）。人类学研究中的摄影首先被作为一种人类学现场的影像切片，与此类似的是纪实摄影对社会现场的高度依赖；人类学摄影作品和纪实摄影作品的形成都依赖技术性的呈现方式，以及拍摄者—被摄者关系的结合方式；而对于表达的对象，则都与不同类型的“他者”建构息息相关。

无论是纪实摄影的拍摄者和编辑者，还是民族志书写中的“文化阐释者”，从文化传播的角度审视，传播者一方被看成积极的、说话的、看的主体，而“他者”则是被动的、沉默的和被看的主体。视觉不可能再现自身，而成为一种话语模式（蓝志贵、陈卫星，2008）。被用作观察工具和传播工具的影像建构了关于各种他者的海量表述，却迎来了灵光消逝的年代：摄影的机械性主导了凝视他者的方法，而对人类学弥足珍贵的自我凝视和反思却往往消失在工具论和科学性之中。对比分析人类学影像和纪实摄影两个主体对“他者性”的建构旨趣和呈现方法，也许能说明人类学和纪实摄影之间的隐性联系和结构冲突。而随着媒介世界的发展，融入文化意义网络的影像人类学是否蕴藏了新的可能性？

二　作为对象的他者：被强化的差异性

对于摄影来说，19世纪是一个“发现的世纪”，西方世界运用自身的科学技术和发明发现，不断地丰富对外部世界的感性认识。人们已经不满足于法国的田园风光或者美国的干裂河谷奇观，伴随着殖民活动、探险旅行和宗教拓展需求，一种以反映异域异象和他者奇观的地理考察式摄影（也被称为地志摄影）应运而生（顾铮，2006）。英国摄影师约翰·汤姆森成为其中的一员，这位早先的光学仪器作坊学徒借在新加坡开的照相馆拍摄远东的肖像，之后以皇家地理学会会员身份，开始了著名的中国与东南亚摄影之旅。他关于中国的摄影集拍摄范围极为广泛，从王公贵族到市井小民皆为其拍摄对象。而且，汤姆森和不少地志摄影师一样，带着社会考察的眼光去关注远在东方的“他者”，关注其社会各部分的状态，并将这种观照融入某种西方社会的研究传统中（金晶，2010）。如他对中国家庭的拍摄，一方面呈现其东方化的服饰和面貌，另一方面在体态、朝向、位置、视点的处理上又有着西方人物照的“套路”。

法国人奥古斯特·弗朗索瓦（方苏雅）以法国驻龙州和昆明领事的身份，同样拍摄了大量关于中国西南的图片。和汤姆森摄影中的对象不同，方苏雅作品中的中国人眼神更显暗淡，目光呆滞、惊恐或厌恶。他的一张著名照片拍摄的是穿清朝官服的父亲怀抱女儿，其中的中国小姑娘的目光居然充满了与其年龄不相称的愤懑。百年后奥古斯特·弗朗索瓦协会书记皮埃尔·赛杜解释，拍摄者是因为意识到数千年文明将因西方的突然入侵而被搅乱，便力图成为历史的见证人，而这种“见证”当时是在入侵者枪炮和镜头“双管齐下”施暴的语境里进行的（邓启耀，2007）——“他者”彻底就是被践踏者的代名词。

这种对自然地理、人种、国籍、民族、族群和社群进行差异化的处理当然不限于地志摄影这一摄影形态，专业的人类学家的图片同样呈现类似倾向。其中以鸟居龙藏对中国西南的民族学考察为甚，他于1896～1899年对中国台湾地区高山族进行调查，1905年后到湖南、贵州、云南、四川进行民族学调查，是最早对中国少数民族进行调查的日本学者之一。然而，当我们仔细查看鸟居龙藏的调查照片时，疏离、不安、紧张、慌乱的表情屡屡闪现，揭示了“他者化”影像过程中的人性缺失和伦理问题。Chelsea Miller Goin 对具有“现代人类学之父”之称的马林诺夫斯基的名作《西太平洋的航海者》进行分析后认为，摄影行动本身就是其民族志方法的内在组成部分，在他的民族志文本建构和日常写作中，视觉图片虽然扮演了一个意义深远的角色。然而当我们检视马氏所拍摄的田野照片时，就很容易发现他和拍摄对象保持了相当远的距离（Chelsea Miller Goin，1997）。

即使是对同一社会层级的纪实摄影，也有意无意地达成了一种“他者的眼光”。阿诺德·根舍本身也是到美国的德国新移民，但他仍然把在美国的中国移民视为另类，在其对旧金山唐人街的记录中，这种“他者化”的视角贯穿始终（顾铮，2006）。无论如何，在强化“他者”特殊性的过程中，人类学调查和早期的纪实摄影都基于一种武断的认识论视角：人类世界处于单线进化的进程之中，西方和非西方既是空间分布的区隔，也有着进化时间上的先后次序。因此，如果以摄影术这一西方文明的技术放眼世界，那么他者首先被观察主体对象化，然后其特殊性的体质和文化特征被放大和重复，再被置于发展链条的低端进行差异化表达，从而理所当然地形成了对异文化和人群等级化的群体建构。

三　方法论的交叉：观察他者的理念

功能学派理论和方法自20世纪30年代开始在中国传播，主要介绍者吴文藻认为，首先，该方法是当时社会理论中高度动态和最先进的一种，能对文化整体和部分做出有机的分析；其次，这种方法本质上凸显了学用结合，即研究能充分为国家所用。在中国现代民族国家的建构过程中，从“驱除鞑虏，恢复中华”到“五族共和”，就是在近百年中国与西方列强的对抗，而后形成国族观的重要认识变化。其中，边疆运动和民族考察就是人类学、民族学理论进入中国，并在民族危机的大环境下，在学以致用、学用结合上呈现的对于边疆少数民族的再建构。以“来历不明”身份自费参加当时国民政府的边疆之行的摄影家庄学本，虽然没受到人类学、民族学的正规训练，但他于1934～1942年，在西南少数民族地区进行了近十年的考察，同时与中研院、中山文化教育学馆、中国边疆学会、中国民族学会进行接触和合作（吴雯，2006）。基于强调边地摄影应该是科学与艺术的结合，其调查的摄影作品和文字记录规模庞大，记录详尽，为中国西南民族留下了可信度很高的档案，也被发现其价值的学者和传播者大为赞赏。他的作品系统性地记录了调查对象体质和文化等各方面的特征，也使观众能清晰地通过镜头，看到拍摄者与被拍摄对象的平等而友好的关系。尤其是肖像摄影被当代策展人认为是“最有艺术和人类学双重价值的作品”（李媚，2005），而其也早被民族学者认为实现了从摄影者、旅行家到

“边疆的研究者或民族学的研究者”的转变。其中一个重要的因素，就是在摄影作品的制作过程中，其采取了科学主义框架下的功能理论，以及采用了艰苦不凡的实地调查方法。

作为一个摄影门类，纪实摄影的社会功能一直被大量地呈现和讨论。如纪实摄影为社会变迁留下宝贵的文献，为日常生活赋予表述的正当性，纪实摄影能够推动西方社会改良，或者把纪实摄影作为参与社会工作的工具，以为弱势群体争取发声的可能，纪实摄影直接参与社会公益的进程（禹夏，2015）。因此，讲求社会功能的纪实摄影在理念和方法上开始与人类学发生联系。其中最重要的表述，就是放弃从外向内的猎奇、改变从上到下的俯视态度，以及把被拍摄对象置于他者自身的生活脉络中予以呈现。上述转变也较为深入地体现在中国纪实摄影的实践和意义表述中。如侯登科花费经年，与麦客一起吃住，一起割麦子、扒火车，全面地展示麦客群体的生存状态，这就是一种典型的参与式观察方法，虽然其没有明确的人类学研究意识而为之（夏羿，2004）。在云南少数民族长期拍摄的纪实摄影家耿云生也被视为几乎融入被拍摄对象，“老耿的拍摄与哈尼山民们的劳作异曲同工。如果不是手持相机而是扛一柄锄头，老耿就会跟老农混为一体”（李旭，2015）。或者是享誉中外又异常低调，对摄影拥有天分但也同样深入田野的吴家林，“吴的相机，感觉是和一把锄头差不多，并且最重要的是，他一直保持这种感觉”（于坚，2004）。

锄头和相机的类比有趣地体现了纪实摄影家在实践中对自我身份和他者视角的努力转变。纪实摄影家极力用身体力行的方式来建立与被拍摄对象的平等关系。但上述方法的交叉显然并非纪实摄影对人类学方法的引入，绝大部分纪实摄影者并未受到人类学的系统训练。究其原因，一方面是在自我/他者的结构中，观察者以自身感官为工具，去平视、理解和呈现他者的处境，从而发展出类似的方法；另一方面，持有此类拍摄理念的拍摄者，和前述的庄学本一样，相信客观、不带偏见的、完整且系统的他者描述的正当性和合法性。然而，如同反思民族志对以功能理论为基础的、全观性民族志的批评类似，这种看似完整全面的影像文本背后，是看起来变成了当地人的摄影者，以一种无所不能的眼光去观察对象世界，其中当然也隐藏着以科学主义的“模板”进行观看的他者建构（蔡萌，2010）。

四　文本的合法性：美学、科学与他者化

早期的摄影家常常苦恼于摄影被认为只是一种机械手段，这种普遍观念并不把摄影当作一种艺术样式，因此，艺术摄影和画意摄影一直致力于追求艺术美的表达，以谋求在传统艺术形式中的合法性与地位，也常常通过肖像、风景、人体和静物等内容来呈现视觉愉悦和美感体验。有着人类学家和摄影家双重身份的爱德华·柯蒂斯以一部前后拍摄了30余年北美印第安人的影片而成为纪实摄影和人类学摄影里程碑式人物，从1907年的第1卷到1930年第20卷，每卷均有2200多幅照片和与之相配的详尽说明。同时，柯蒂斯还收集了大量印第安人的民间传说、语言和音乐资料（罗雨，2017）。柯蒂斯镜头下的印第安人，不再是惶惶不安和面露惊恐的“被入侵者”的形象，而是有着强大个性特征和个人尊严的北美主人。被拍摄者身着装饰性极强的头饰和服饰，身体挺拔，面相庄严或温柔，充满了与自然共生的灵性，表现了人类的存在价值。这样的观感还通过对环境的精心布置、现场的准确控制和后期的精心调整得来，这使画面超越一般纪录影片，而通过强烈的形式感呈现人类的美感和光辉。然而不得不说，作品所呈现的美感范式，虽然表达了柯蒂斯对印第安人的尊重，但也因套用画意摄影的脉络和方法而呈现另一种“他者性”。柯蒂斯在拍摄时为了达到自己的美学要求，通过支付被拍摄对象费用的办法进行控制。比如让人们穿上已经消失的衣饰、在体态表情上精心摆拍、大量使用柔光模糊画面、后期制作中抹去不太传统的事物等。画意的美感来自对视觉样式的有效利用和控制，在强调形式感的同时也带来对象世界的陌生化和间离性，从而在美感和真实性上完全背离后者。如在柯蒂斯的摄影作品中，就难以寻觅印第安人真正的日常状态、社会现场和群体关系。注重追求画意而显示出强烈的“他者性”，成为对少数族群摄影的一个明显的脉络。时至今日，我们仍然可以看到如骆丹运用湿版摄影的古老方法拍摄传统中的怒江傈僳族人的组图，从而引发广泛关注。他的作品也有类似的旨趣和追求：用唯美简约的手段描述一个时间和空间上的“桃花源”，以及不知魏晋的“他者”群体。

和早期的摄影总笼罩在绘画艺术的美学阴影之下不同，在现代摄影建

立之后，摄影不再是可怜巴巴的“艺术的仆人”，而显示出自身强大的语言魅力和传播潜力。其中，摄影的纪实功能、证据功能、记录功能、文献功能、传播功能成为不能忽视的优势。在布尔迪厄看来，摄影从本质上被预设为满足一些基本上是外加于它的社会功能的要求。摄影的种种社会性使用，显示为对各种使用的客观可能性的系统性（也就是连贯的、可理解的）选择，决定了摄影的社会意义，同时这些使用也被后者所定义（皮埃尔·布尔迪厄，2007）。对于聚焦于自然/社会/人类关系的纪实摄影来说，对于摄影文本进行实验和规范就变成了应有之意。如在 20 世纪 40 年代，著名纪实摄影家多丽丝·兰格就把纪实摄影视为一个社会科学的组成部分，认为纪实摄影就是要去记录时代的社会场景，要去记录社会的横切面的运行机制，如社会制度、各类劳动、家庭关系、政府组织、人际往来等。同时，摄影还特别适合通过记录保存的形式，成为关于社会变迁的档案。

对人类学家来说，摄影这一媒介相对于文字材料，也具有相当大的优势。首先，为数众多的传教士、探险家、地理发现者、生意人和摄影爱好者为人类学家提供了鲜活的影像材料和他者形象，这些照片本身就是丰富的研究材料；其次，影像作为形象化的文本，能直接呈现现实。马林诺夫斯基称之为摄影的现实主义，并认为摄影、绘图在保存那些值得记录的庆典仪式和奇风异俗上，有着相当高的水准。对马氏来说，虽然其内心深爱艺术，但在民族志研究中，摄影的艺术性不足取，更重要的是要把摄影作为科学研究的手段加以利用。和马林诺夫斯基的以图配文的方法不同，米德和贝特森把民族志和影像的关系推进了一大步。他们通过照相机和摄像机来展示“正常状态下自然发生的事物，而不是先定下标准而后在适当的光线条件下引导巴厘人来表演这些行为”（朱靖江，2013）。在巴厘岛，他们拍摄了 3.5 万张照片，3.3 万英尺（相当于 10058.4 米）电影胶片。还发展出通过照片研究人类行为的工作模式和研究方法，《巴厘人的性格：一个对照片的分析》（Bateson，Mead，1942）和一系列影片是国际人类学最早收到的学术性影像民族志成果。人类学家在运用摄影的先期，就确立了照片作为民族志影像应该保障其科学性、真实性和系统性。只有这样的方法才能给严谨的学术研究带来声誉和信度。

对拍摄对象的社会结构进行分类，把对象群体按体质、服饰、语言、亲属关系、仪式、手工艺、家庭生活等分开描述，然后讨论每部分和文化整体的功能性关系、来自功能—结构主义的社会文化认识论。背后则是“凡在理性上看来清楚明白的就是真的”的认识论。这种笛卡尔式的乐观信念从17世纪后开始与近代自然科学共振，到19世纪末和20世纪初，从理性上认识对象世界的理想和方法被引入人文社会科学领域，这直接催生了现代民族志的科学主义取向（阮云星，2007）。不过，后现代民族志的反思历程已经让我们了解到，这种全观式的整体描述背后，是以俯瞰众生的视角对对象世界又一次的“他者化”的建构过程，只是这次的方法是通过观察者的知识论结构进行的分解再拼装而已。而对于纪实摄影本身呈现的“美学”和方法的“科学”，一直就是其视觉文本合法性来源的两极。

五　媒介的共享：意义建构的网络

传统的纪实摄影，包括深度新闻摄影、报道摄影等形态，百年来用一种“权威的阐释者”的身份和姿态说服受众，通过它们的现场见证，就可以了解世界，甚至可以直达世界的本质。新闻摄影提供了人、事、物、环境的证据，以及证据之间的联系。报道摄影或纪实摄影则通过讲述一个故事，在视觉性的起承转合中，形成阐释者对他者的整体观察和观念。这些都让受众认为，专业的摄影者已经给我们他者世界的客观资料，或者是面面俱到的故事和意义（郭力昕，2010）。而且，这样的故事是在一个富有视觉张力和时代美感的形式下被讲述的。不难发现，科学性和艺术性成为加持作者权威性的“左右护法”。也不难看出，在这样的加持下，他者性作为视觉媒介的对象，开始被整个社会传播网络系统化地生产。

纪实摄影的他者建构一部分也来自社会问题。“拍摄照片不仅是为了表明什么东西值得尊崇，还在于揭示什么东西需要正视、令人痛惜，以及需要治理。”（苏珊·桑塔格，1999）因此，纪实摄影也通过把边缘群体视为“有问题”的他者，对底层、贫困、苦难和犯罪进行深入观察，对社会问题予以全面记录和呈现。刘易斯·海因本身就是社会学家，在接触童工问题后，不谙摄影的刘易斯也拿起相机，去记录矿山、工厂、贫民窟中的儿童的悲惨世界，移民群体的痛苦遭遇等。这些照片直接导致美国国会通过立法禁止童工。在罗斯福新政下的美国农业安全局（FSA）发起了一个有宣传性质的摄影项目，征集摄影家拍摄20世纪30年代的美国农业萧条情况，大批优秀的纪实摄影家在此之中尽可能深入地呈现社会现实，也对摄影参与美国社会进程产生了深刻影响。而在中国，无论是卢广拍摄的《发展与污染》系列组照、陈杰拍摄的《埋在沙漠下的污染》、方谦华用静物摄影的方式细腻地呈现被镉污染的橘子等，都通过对环境议题的视觉揭示，不但赢得了国内外新闻摄影大奖，也直接带来环境政策和污染治理的改变。

至于人类学本身，反思民族志者对以科学主义为认知范式的、全观型和整体社会图景描述的民族志文本的批判和扬弃已经有非常深入的讨论，此处不再赘述。而克利福德·格尔茨对文化意义和文化阐释的描述则为异文化和他者世界的差序结构带来新的可能。他者世界不再应该只是社会科学的"自然实验室"，他者也不是对象化和客体化的"对象"。在阐释学的视野中，文化阐释者通过"经验接近"，进入他者世界，并通过田野工作和参与社区生活获得"地方性知识"和"主位视角"，在数次的"经验远离"过程中勾连自我世界和他者世界的关系，用文化阐释者的身份去深描文化意义和反思意义建构过程。这也为视觉人类学带来了一个具有丰富可能性的理论视野（王海龙，2007），也在民族志影像的制作方面有非常丰富的先锋性实践。从让·鲁什的"分享人类学"到民族志影片《一个名为"蜂"的男人》中的互为主体性（朱靖江，2011），实际上都在挑战和重新调整"自我"和"他者"之间的既有不平等的位置关系和背后潜在的场域结构。

与此形成的有趣对应是，同样是拍摄弱势群体、边缘群体、问题群体或少数民族，于20世纪60年代发端的新纪实摄影开始用另一种位置和视角来呈现"他者"。一方面是反思客观性的"主观纪实摄影"，通过摄影者毫不掩饰的个人化和主观化的创作，来讨论"虚"和"实"的关系，并谋求与受众的"碰撞"而非"说服"或"教育"；另一方面则是通过揭示自我世界的景观的"景观摄影"或者自我遭遇的"私人纪实摄影"，来实现自我呈现和他者观看之间的互动，从而完成对自我世界的他者化建构，同时又保障主体性存在的合法性。

人类学表述和影像呈现在整体上是由社会认知和传播网络决定的，是意义相似甚至是形态同构的意义阐释方式，而上述美学指向和道德指向不过是人类学视野中的某种文化意义的建构范式。简单地说，“桃花源”并不存在。对于以此回到人类学的他者和纪实摄影的他者性讨论，本文首先说明，他者世界经不同脉络被确立为研究对象或者拍摄对象。其次他者世界经不断流变的观察方法被识别和选择，并在科学或艺术的主体视角下显影，且在社会传播网络中经内化的机构或个人赋予意义，从而传播至不同类型的受众，完成他者性的建构。最后，笔者通过本文提出，使用一种社会文化传播网络的方法来审视摄影作品，并融入多学科的视野，既有利于发现和揭示影像背后的脉络，也为视觉人类学系统化地分析视觉材料带来新的可能。

参考文献

[1] 蔡萌（2010）：《改造与再造——从庄学本到蓝志贵的西藏摄影话语转换》，南京博物院。

[2] 邓启耀（2007）：《与“他者”对视——庄学本摄影和民族志肖像》，《摄影家》第8期。

[3] 顾铮（2006）：《世界摄影史》，浙江摄影出版社。

[4] 郭力昕（2010）：《再写摄影》，台北田园城市文化事业有限公司。

[5]〔日〕箭内匡（2017）：《印象人类学的理论素描——民族志影像下的“科学”与“艺术”》，郭海红译，《民族艺术》第3期。

[6] 金晶（2010）：《民族的表征庄学本摄影与三十年代西部民族形象》，复旦大学硕士学位论文。

[7] 蓝志贵、陈卫星（2008）：《从视觉政治到视觉文化：关于蓝志贵的西藏摄影》，《中国摄影家》第4期。

[8] 李媚（2005）：《三十年代的目光——庄学本摄影的双重价值》，中国工人出版社。

[9] 李文方（2004）：《世界摄影史：1825～2002》，黑龙江人民出版社。

[10] 李旭（2015）：《哈尼纪事序言》，中国民族摄影艺术出版社。

[11] 罗雨（2017）：《“假象”与“真象”：浅析民族志摄影作品〈北美印第安人〉的内在矛盾》，《大众文艺》第9期。

[12]〔法〕皮埃尔·布尔迪厄（2007）：《艺术模仿自然》，浙江摄影出版社。

[13] 阮云星（2007）：《民族志与社会科学方法论》，《浙江社会科学》第2期。

[14]〔美〕苏珊·桑塔格（1999）：《论摄影》，艾红华、毛建雄译，湖南美术出版社。

[15] 王海龙（2007）：《视觉人类学》，上海文艺出版社。

[16] 吴雯（2006）：《民族志记录和边疆形象——庄学本民国时期的边疆考察和摄影》，四川大学硕士学位论文。

[17] 夏羿（2004）：《视觉人类学与中国肖像摄影研究》，《江苏社会科学》第 1 期。

[18] 于坚（2004）：《从摄影说到吴家林》，云南人民出版社。

[19] 禹夏（2015）：《中国纪实摄影与平民意识的表征实践（1976—2014）》，浙江大学博士学位论文。

[20] 朱靖江（2011）：《人类学表述危机与“深描式”影像民族志》，《中南民族大学学报》（人文社会科学版）第 6 期。

[21] 朱靖江（2013）：《巴厘岛的人类学影像——米德与贝特森的影像民族志实验》，《世界民族》第 1 期。

[22] Chelsea Miller Goin（1997），“Malinowski's Ethnographic Photography：Image, Text and Authority,” *History of Photography*, 21.

[23] G. Bateson, M. Mead（1942），*Balinese Character*：*A Photographic Analysis*（New York：Academy of Sciences）.

合作、游戏、观看与反视

——关于露天流动电影放映的观察式拍摄及反思*

张静红**

【摘要】本文讲述了一位人类学研究者深入藏区，追随当地数名流动电影放映员，观察和研究他们前往不同地点为当地村民露天放映电影的过程。针对拍摄过程中的种种实际困难，纪录拍摄亦不得不做出相应的策略调整。本文基于此次纪录拍摄的经验对人类学的参与式观察进行反思，分析多重的观看与被观看的关系，以印证纪录拍摄可能在人类学调查中成为一种探索发现的刺激物，其可以将潜藏于事物表象之下的某些本质揭示出来，使观察式电影不仅有可能阐释他者，同时也可以反观自身。

【关键词】露天流动电影放映；观察式电影；视觉展演

一　前言：拍摄的困难与困惑

几年前，我参加了云南大学新闻系教授郭建斌（以下称老郭）关于藏区流动电影放映的一个调研项目。从2010年起，老郭和他调研小组的其他成员（主要是同系老师）就陆续前往云南、四川和西藏大三角地带的藏族居住区，跟随当地的流动电影放映员前往不同村落，调查了解露天电影在

* 本文原载于《广西民族大学学报》（哲学社会科学版）2018年第5期，收入本书时有修改。本文是2012年度国家广播电影电视总局部级社科研究项目“滇川藏大三角地区农村电影放映之实地研究”的研究成果。

** 张静红，澳大利亚国立大学人类学博士，现为南方科技大学社会科学中心副教授，主要研究方向：社会及文化人类学、媒介及影视人类学、感官人类学。

这些地方被放映和观看的情况。2012 年我参加调查的重点是西藏东北部、临近四川的昌都地区。这一地区老郭以前就来过，但他想再补充一些调查资料，主要是想跟随两名此前有过接触但尚未深入了解的电影放映员去放几场电影。

除了老郭外，本次团队的成员都首次参加这一调研，并首次来到昌都地区。除了我之外，团队中另有同系的罗老师、小张老师和老郭指导的研究生小杭。老郭邀请我在其中负责拍摄一个关于流动电影放映的纪录片，他为拍摄提供帮助，但对于怎么拍由我来主导。罗老师主要负责拍照片，小张老师和小杭协助老郭进行调查，也协助我进行记录、拍摄。对于这一拍摄，我最初的理解是，老郭调查后要完成的，是关于流动电影放映的文本分析的民族志；我要完成的，则是关于流动电影放映的纪实影像的民族志。我们共同观照的主要对象，都是电影放映员及作为电影观众的村民们。老郭和我一样，在新闻学和传播学之外，都有着人类学的学习背景，都尝试将人类学的研究方法嫁接到媒介研究中来。我有过四年的电视新闻从业经验，接受过影视人类学的培训和锻炼，深受影视人类学观察式电影拍摄方法的影响。

和故事片及大部分电视台专题纪录片使用导演和预设场景的方式不同，影视人类学观察式电影的拍摄方法倡导拍摄者不刻意干扰和安排被拍摄者的生活，要在观察的基础上忠实记录，但不反对拍摄者与被拍摄者进行必要的交谈和互动，这与人类学所倡导的田野调查方法“参与式观察”在一定程度上是相同的（Henley，2004）。

观察式电影的先驱们曾经指出，生活的不可预期性随时存在，拍摄需要事先有一定构想，但拍摄者应当在实际记录中接受种种意外和不可预期性，拍摄因此也是一个探索发现的过程（MacDougall，1998）。这种“不可预期性”和“探索发现”的必要性，在我参加本次调研后不久马上就出现了，它们大大超乎了我原先对流动电影放映的想象，也对拍摄提出了较大的挑战。

第一，如何拍摄到观众看电影时的表情？露天电影放映都在夜晚，要拍摄到放映员及观众的清楚表情不容易。这一点我之前已经预估到，所以本来准备了辅助性的灯，其中包括头灯。可是临到现场，我突然发现打灯非常不妥。打灯会非常不礼貌地改变村民们在露天夜晚观看电影的实际状况，干扰了他们正常的视线，并且让我自己感觉回到了若干年前当新闻记者时在某个政府工作会议现场打灯拍摄的场景：打灯者粗暴简单地将强烈的光线射到会议代表们身上，而代表们佯装没有任何影响，顶着让自己几乎要流汗的强光继续认真听会议发言。而与政府工作会议的代表们反应不同的是，观看电影的村民们一被打灯，大都把注意力马上从电影转移到了拍摄者和突然被照亮的整个环境中，而这似乎并不是我想获得的他们对电影内容本身的表情反应。而且纪录片拍摄持续时间往往比新闻更长，也就意味着粗暴干扰观众视线的时间更长。

第二，如何录制到观众看电影时的议论声音，获知他们对电影的观感？我看过德国影视人类学家 Barbara Keifenheim 和 Patrick Deshayes 的电影 *Naua Huni*：*Indians Watching the White World*。片中有当地印第安人第一次观看白人电影的场景。被放映的电影所展现的白人生活的世界与当地印第安人生活的世界是如此不同，以至于电影中每出现一个场景，印第安人就马上发出热议、感叹、评论。Barbara 并没有展现观众的表情（应当也有光线不佳的原因），而将被放映的电影画面配以观众进行相应评论的声音。我设想我的片子应该也能做到这一点。我们没有单独的高级录音设备，但事先准备了较长的一根连线，可以连接摄像机和定向话筒，这样即使摄像机不靠近被拍摄者，话筒也可以游移在观众中从而录到相应的议论声音。但是现场的实际打破了我的设计。一方面，我们接触到的藏族观众根本没有像 Barbara 片子中的印第安人一样热烈地讨论，而在大多时候保持沉默。我后来了解到的一个主要原因是：对于许多片子，藏族观众已经看过好多遍了，他们不再像印第安人一样对第一次看到白人生活的景象而倍感新奇。这并不是说藏族观众在整个露天电影放映的过程中就没有一点声音，而是这种出声的概率大大小于我的预期和我守株待兔般的录像消耗。另一方面，被放的露天电影，大都是战争片和武打片，电影本身的声音较大，即使移动话筒录到了什么观众的声音，也往往被电影本身传出的巨大声响所笼罩。而 Barbara 的片子里，被放映的白人电影声响没有那么大，所以现场观众的议论声音相对比较容易被凸显。另外，即便现场录到了观众看电影的评论声音，我们其实也不明白他们说的是什么，因为他们讲的是我们不懂的藏语。本次接触到的昌都地区的电影观众，大多不会讲汉语。只有放映员是例外，他们既通藏语又通汉话。老郭也曾在某次放完电影的第二天白天直接入户调查访问，请放映员帮忙翻译。但这种情况是少数，因为不可能总这样麻烦放映员。

第三，通过拍摄，种种令人迷惑不解的现象能够得到解释吗？我们这次跟随放映的大多数影片都是普通话影片。据放映员介绍，原来藏区观众只是不会讲汉语，但电影里的普通话好多还是听得懂的。但据我观察，情况并非完全如此。黑暗中，不拍摄时，我坐在一些观众身边仔细观察，当某些搞笑的汉语对话在电影里出现时，他们并不笑；而当搞笑的动作或夸张的电影表情出现时，他们马上笑了。也就是说，他们不是“听”电影，而是真正在“看”电影。一部片子会被放映不止一次，所以“某个情节快要到来之前，观众就已经知道下面要发生什么了”（放映员语）。但面对这些听不懂又放过好几次的电影，观众们耐心地聚拢在电影屏幕前，一遍又一遍地共同观看，乐此不疲。为什么？

放映员的行为也令我困惑。每一个放映员看同一部电影的次数，比他的观众们还要多，因为一年间他必须行走于不同的乡村，完成一定数量的电影放映任务。一旦架好放映机，拉好放映屏幕，开始放映，他就坐在放映机旁边，和观众一起看电影，一遍又一遍，极少起身走开。片子的语言他都懂，那么他岂不是更应该厌烦？好多放映员放映电影已经数十年，新的政策允许他们提前退休。但许多老放映员在面临此问题时，表现出对放映生涯的依依不舍，有的甚至表示：退休了也还要接着自己去放电影！为什么？

甚至老郭的行为也有些令人费解。电影一开始放映，他就跟放映员和观众们并肩坐着或站着，把他曾经看过的一部电影，再次从头看完。在某种意义上，我理解老郭，知道一个学术田野调查需要重复观察体会、深入参与了解。但在另外一种意义上，我对过度重复的参与式观察是否每次都能给予人新的体会和认识表示质疑。为什么他也能够那么耐心地看电影？我问过老郭，他说这个问题很有趣，但有些说不清，总之和那么一群人坐在一起，感觉很好。

逐渐地我发现，在没有拍摄和没有观察“他者”的时候，同行的罗老师、小张老师、小杭，还有我自己，也会跟其他人一样看电影，哪怕从放了一半的时候才看，哪怕我之前觉得这些电影的内容和形式都不怎么样。就这样坐在或站在人群里，把目光一起投向电影屏幕，把一部电影看完。

我当时解释说，这是因为那时没有别的事情可干。可是原因真那么简单吗？

政府组织这样的乡村流动电影放映，是为了丰富乡村文化生活，弥补边远村落没有影院放映电影的不足。每个放映员必须在一定的时间里、在一定的区域内完成一定数量的放映任务。根据唐·汉特曼（Handelman，1990）和赫兹菲尔德（2005）的理论，这样的电影放映可以被理解为一种国家主持下的“视觉展演”，以宏大的“视觉主义”取代传统展演，例如取代传统仪式，从而消解原有日常生活的多义性和不确定性，代之以统一化、确定性和可控性。那么，面对这种宏大的“视觉展演”，看展演的观众——村民、放映员、老郭、老郭的调查团队、我，是否如传播学的“枪弹论”所说的那样，一打即中、全部倒下，所以全部坐到电影屏幕前，不厌其烦地观看展演呢？社会学、人类学和文化方面的诸多研究早已力求否定这种简单化的“中弹论”，强调应力求发现被控制者在此间的主观能动性及应变能力（Foucault，1973；Giddens，1979；Scott，1985）。那么，村民、放映员、老郭、老郭的调查团队、我的主观能动性和应变能力体现在哪里呢？

这些困惑，需要表现到我的片子里吗？如果要，那么怎么表现？加解说词，以“上帝式”的无所不知的声音（特指一种专题纪录片的方式，在辅以相应画面的同时，用解说词来解释说明影片内容、主题、人物等。解说词在片中具有绝对优势，叙述的口吻仿佛“上帝”一样，叙述者仿佛无所不知）来言说一切？如果不用主观的解说词，那么客观的场景记录可以解释那些困惑吗？怎么解释？

以上种种问题不得不让我重新思考：在无法清晰获得观众看电影的表情和声音，并对看电影的现象存在诸多疑惑的情况下，一部以“看电影”为主题的纪录片究竟应该如何表现“看电影”？

下文将针对这些问题，阐述我在实际中调整改变拍摄的策略。我将分析指出，正是这些改变的拍摄策略，改变了我的观察角度，促使我以一个更具有反思性的视点认识流动电影放映本身、人类学的田野调查方式以及观察式电影的拍摄意义。这些拍摄策略的改变，再次印证了拍摄本身可以作为一种探索发现的刺激物，将潜藏于事物表象之下的某些本质揭示出来，使观察式电影不仅有可能阐释他者，同时亦可反观自身。

二　超越“黑暗”：分享的放映、观看与拍摄

第一个拍摄策略改变是，既然放映电影时不利于拍摄到观众的表情和录到他们的议论声音，我能否把拍摄的重点不放在放映和观看电影本身，而是这以外的其他时空呢？这个以外的时空包括：电影放映前后放映员的工作；没放电影时，放映员与当地村民的相处、与我们的相处；我们与村民的相处；村民们没看电影时的日常生活；等等。这些以外的时空，能否帮助我洞见黑暗中无法看清和听到的真相呢？

放映前的准备工作，如架屏幕、拉线等，本来也在我的拍摄计划之内，只不过在原先以看电影为主的拍摄计划中，此部分似乎是辅助性内容。但当这一部分成为我关注的一个重点后，拍摄和观察就变得更为精细。

在昌都地区丁青县金卡寺，我们随同年轻的电影放映员洛松次培来到这里放电影。次培自小和这个庙里的人熟识，并且此时已经在这里连续放电影 8 年了。寺里的大喇嘛把我们热情地迎进厅堂，招待我们吃牛干巴，喝酥油茶。他们冲的酥油茶特别浓，浓得让才吃过晚饭不久的我有点无法接受。但后来了解到，茶越浓，才越证明主人厚待我们。经次培翻译，罗老师请求为喇嘛们拍照，他们欣然同意，并在回放时看到自己的影像欢喜高兴、议论纷纷，不像我们之前走庙串寺时遇到的许多喇嘛那样摇手拒绝被拍。

寺庙外面的空地上，趁着天还亮，次培开始架设放映设备。五六个喇嘛和他一起把很重的放映机抬出来，一个人在这头接线，另一个走几步把线牵到另一头，他们一起把白色的屏幕慢慢拉起。他们并不说话，亦不需要说明，相互之间显然早已形成一种绝佳的默契。我通过摄像镜头默默观察他们。次培是一个优秀的拍摄配合者，好像心知肚明，又总是行动自如，仿佛我这个拍摄者根本不存在一样。跟他一起架机器的喇嘛一开始对我的拍摄感到好奇，边做事边忍不住看两眼我的镜头，但马上就跟次培一样，对我变得熟视无睹。

架设好机器，天马上要全黑，但有一群喇嘛还在辩经，要等他们的功课完成后才能放电影。于是次培和几个没事的喇嘛带我们去参观金卡寺的

正殿。小喇嘛打开这个时候本来已经紧锁的殿门。次培仿佛是这里的大半个主人，为我们讲解壁画上的佛经故事、主殿上供奉的藏传佛教的佛神、殿里各种器物的意义等。有喇嘛帮忙打电筒，让次培讲述的对象可以被看清楚。我们拍摄和照相甚至被允许。我自己对佛堂心存敬畏，关掉了摄像机。但我忍不住开始寻思：为什么在金卡寺我们可以受到如此的厚遇？在寺庙里拍摄什么都可以？这和之前我们去朝拜其他藏传寺庙时屡受种种禁忌的情形是完全不同的。这些都是因为洛松次培这位电影放映员的存在，也就是说，我们之所以被予以丰厚待遇，除了金卡寺的喇嘛们本身热情好客之外，很大的原因是我们跟着次培，这位他们熟悉、尊重和喜欢的电影放映员。他们信任次培，从而也就信任我们；他们尊重次培，也就尊重我们；他们与次培合作，从而与我们也合作。

郭建斌、刘展（2010）在之前就讨论过电影放映员所扮演的多重社会角色：一，他是放映员；二，他是宣传员，特别是20世纪50年代到80年代的时候，连带放映电影一道，宣传国家的方针政策；三，他是解释者，有的观众看不懂的电影内容，可以由他帮助进行语言翻译和意思解释；四，他是乡村文化使者，在放电影的同时为观众捎来相关的文化信息和活动。

就老郭的调查研究而言，次培扮演了又一个新角色：重要的信息提供者和文化翻译者。这种翻译，绝不仅限于语言层面，还在于人际关系和文化关系的沟通协调方面。就我的拍摄而言，次培不仅是被拍摄的重要对象，同时也成了拍摄的有力助手，因为有他在，拍摄仿佛获得了一个通行证，变得顺畅起来。也就是说，放映员所发挥的作用，绝不仅仅存在于放映电影的那一两个小时，还在于放映电影的前前后后。

当夜晚正式来临、辩经结束，喇嘛们纷纷走出寺庙，朝电影场地走来，跟次培打招呼，席地坐下来，开始看电影。今天放映的是武打片。放映秩序井然，武打电影的声音仍然很大，除了电影本身的光亮外，四周漆黑一片，中间无人离开。电影放完后，有几个喇嘛留下来，帮助次培把屏幕放下来，收好线，打电筒，把机器搁回次培车上去，再一次表现出默契。

回看这一过程，真正看电影那一两个小时，即在整个放映活动当中，只是一个部分。似乎一切都是为了这个部分，但又似乎并不只是为了这个部分。电影放完，也没有什么讨论，放映员、观众都不再为放了什么、看了什么而纠结。他们的相遇、合作和分享，我们和他们的相遇、合作和分享以及拍摄者与被拍摄者之间的合作，变成了更耐人思考的经历。也就是说，在某种意义上，放映了什么、看了什么电影可以变成次要的，更重要的在于一群人合作把一件事情完成，包括一起坐下来分享观看经历，从头至尾；包括配合我的拍摄以让一次放映及其前后过程被完整呈现。

如果说，流动电影放映的本质是国家主持的“视觉展演”，那么放映员和观众之间这种默契的合作分享则成功回到了传统社会里那种自然的责任和义务。放映员必须按照国家规定放映电影，而观众本来并没有被强制要求必须来看电影。但放映员和他的观众之间如同缔结了一个无形的契约：村民来看电影，固然有打发时间、消遣娱乐的需要，但很重要的也是因为，和放映员之间那种亲近熟悉、长期的关系把他们引向电影场地；还有，和一群自己熟悉的人走向一个地方，他们都成为这个集体事件的分享者和参与者。分享参与的行为本身更为重要，而参与进去观看了什么居次。因此，抛弃拍摄“黑暗”中发生了什么，转而关注这前后人们做了什么，令我认识到，国家主导下力图消解原有生活多义性的“视觉展演”在某种程度上被反消解，因为放映和观看的合作表面上看是在迎合这种“视觉展演”，但其合作的深层所形塑的，是犹如传统社会当中的某个集体性礼仪或者某种乡规民约——指向人际关系和群体关系的缔结所具有的张力。这种张力，甚至把临时的参与者——老郭和他的调查团队、我被吸引进来，和这个群体一起坐下来，看电影。

三　跨越语言：视觉游戏

第二个拍摄策略改变是：不去管自己听不听得懂村民的语言，看看在无法进行交流的条件下自己能明白什么，能拍到什么。甚至最后完成的片子也不准备请人翻译听不懂的谈话，我就想表现一个听不懂别人语言的拍摄者在那个情境下的感知。

而试图这么做的人并不只有我，听不懂我们说什么的村民也这样行动了，他们通过跨文化的视觉语言与我们沟通。这在我们跟随放映员前往一个高山牧场连续放电影四天，与一群牧民孩子的互动经历中表现得尤为突出。

从丁青县开车出来，在颠簸的山路上行进约一个半小时，到达了海拔

4000多米的高山牧场。这里是近十户藏民夏天的临时居住场所，他们趁着水草丰茂的季节把帐篷搭在这里，在周围放牧。放映员与他们非常熟悉，平时到他们固定居住的村子里放电影，现在这个特殊时节就专门来到牧场为他们放电影。因为来一趟不易，一放就是四天。

牧民们十分忙碌，一大早起来就忙着把大部分牛羊赶出去吃草，然后挤奶、煮牛奶、做奶酪、打酥油茶、劈柴、烧火、烧水、做饭……晚上大家闲下来，一起出来看露天电影。不论战争片还是武打片，电影内容离牧民的现实生活实际很远。小孩子们是大人们的得力助手，一上午都在帮忙干活儿。下午活儿少些的时候，孩子们开始围在我们的帐篷口，观望我们在干什么，或者我们去哪里，调查什么，他们也跟着我们去看。其中有五六个孩子一有空就来，男女都有，大点的十七八岁，小点的不到十岁。我们试图跟他们交流，但语言不通。我们原先以为其中至少有一个男孩懂汉语，因为你跟他说话时，他会点头，眼睛还真诚地看着你。老郭看他每晚必定早早地守着看电影，问他“喜欢这电影吗？”他点点头；问他“以前看过这部电影吗？”他点点头；问他“喜欢电影的什么地方？”他点点头；问他“你几岁了？”他还点点头。原来他根本不懂汉语，他只是真诚地点头。后来放映员告诉我们，他叫洛松次林，十岁。

小张老师连比带画加模拟声地和这群孩子交流，差不多快要把对方家里到底有几头牛几头羊问出来了。并向他们学习，在帐篷前一起跳藏族舞。而令这群孩子更愉快的是他们一起翩翩起舞的时候，有罗老师在旁边拍照，我在旁边摄像，然后大家回看都被拍成了什么样。罗老师为他们拍了无数张肖像照，他们每看必笑，然后再站到照相机镜头前面，示意愿意继续被拍。如此这般反复不止，像他们看电影一样地，乐此不疲。语言尽管不通，但有照相机或摄像机存在的时候，交流似乎没有了障碍。罗老师说“站好”“笑一笑”“别动”，他们都好像能够听懂。

洛松次林对罗老师手中黑黑的单反照相机极为着迷。有一天下午，在被拍照无数次和回看自己的照片多次以后，他把手伸向照相机，示意想自己动一动。罗老师示范了他按快门的动作和看取景器的方式。他似乎并不需要多教，他已经观察拍照者许久了。他走开，离罗老师两步之远，抬起重重的相机，对准了罗老师开始“咔嚓”。拍过几张后，他拿回去给罗老师看。罗老师纠正他的构图，他大概听不懂，但继续又站回去拍。拍了罗老师后，他对着帐篷的门拍，拍他的伙伴——旁边的一个小姑娘，然后，他突然转过来，对准了一直在默默拍他们的我。罗老师鼓励他："对，拍她！"他边拍边微笑，仿佛在洞晓拍与被拍的奥秘。我没有停止拍摄，但我心里有一股从未有过的震撼——我也被照过相、被拍过，但我没有想到这个原来不懂照相的孩子会在我拍他的时候突然反过来拍我。

关于这种震撼，我寻思了很久。后来我明白了：当我看一幅肖像画或一个人的照片时，如果画中或照片中的人的视线是看往别处而不是正视我，那么我的观看会因此而轻松许多，我会觉得我被允许继续观看。但如果这幅肖像画或照片中的人也正直视着我，那么我对他/她的观看就好像有了一种犯罪感，我甚至会多少觉得有点害怕，好像不能被允许继续观看一个也看着我的人一样。

也就是说，因为放映员的疏通也好，因为其跟对象混熟了也好，我的观察式拍摄之前是作为一种被允许的偷窥而存在的，而洛松次林的镜头转向，突然把我这个偷窥者的存在昭然若揭。情况不再只是我看他了，他也在看我，在反视。我们在玩一种视觉游戏：拍摄者和被拍摄者通过镜头而互视。

后面一天，我们和放映员一起到牧民家里调查。洛松次林和另外几个孩子一路跟着我们。我拍摄的时候，洛松次林他们会提醒某个人，他/她正在被拍，然后他们一起对着我的镜头哈哈笑。然后洛松次林和他的伙伴发展到用他们自己的手机来拍我。奇怪的是这时他们没怎么去拍老郭或其他人，好像认为因为我一直在拍，太过分了，应该被反拍。

在这场跨语言的视觉游戏里，我看见了一种"反视"的力量。被看者在被看、被观察或被拍摄时，如果不看镜头，并不意味着他对这种被看一点不在意。大人们在习惯镜头之后，往往将视线移开，装作好像没有一个在看自己的摄像机存在一样。而小孩子对镜头的好奇感和注意力要持续更长时间，而且他们像《皇帝的新装》里的那个小孩子一样，大胆公开真相，把观察者和窥视者的存在予以宣告。

回到本文一开始问的一个问题，村民乐此不疲地看电影，难道是因为他们像"枪弹论"里的对象，一被击中马上倒下？他们被设置在一个放映场景中观看电影，而在这个放映和观看之外，另有其他的眼睛在监视他们。对于这样的被观看，他们知晓多少，又有多少反应？我无法在黑暗中看清他们的表情，亦无法从语言上听到他们的意见，但我从跨语言的拍摄情境中看见，他们尽管不通晓另一种语言，但对于视觉传播的影像及其载体深为着迷，并具备相当大的潜力反过来驾驭这种影像传播，和观看他们的人玩起看与被看、正视与反视的视觉游戏。将具体可见的特殊日常生活细节与抽象不可见的社会政治图景联系起来，因为前者往往以隐喻的方式在言说后者，经过对前者深描则有可能通达对后者的阐释。而摄像机的存在，更如同一种刺激物，将潜在的隐喻、阐释以及社会生活的多样性在出其不意间激发出来。所以，牧民孩子与我们玩的视觉游戏以日常生活的特殊方式而存在，与宏大的视觉展演即电影放映及观看相对峙，是以视觉游戏消解视觉主义的某种体现。这种视觉游戏以一种隐喻阐释的方式，或许可以帮助我们洞见观众对于视觉展演的心理反应。观察式电影的反思遵循这条大致的路线，但由于影像与文本在叙事和表现的手法上不一样，其亦决定电影要呈现的反思将自有特质。一方面，观察式电影的拍摄和呈现方式将决定影片以更为含蓄、更为隐喻的方式来进行阐释，而无法像格尔兹文本的深描那样随时以掌控的方式进行意思解释、分析联系。从这个意义上说，文本的深描更近似于用“上帝的声音”来进行解说的专题纪录片，更近似于 MacDougall（1978）所说的“例证式电影”，而观察式电影更近于他说的“揭示性电影”。另一方面，我的影片对视觉游戏的表现，不可避免地把拍摄者、我自己包含进来。也就是说，洛松次林反过来拍我，是对拍摄者存在的明白宣告。这样的镜头我也把它剪接进去。所以，我最后的成片，是我叙述当地人关于自身故事的影片，是一个拍摄者用镜头言说的关于事象的影片。

四　把人类学家也包含进电影

第三个拍摄策略改变是，把老郭作为纪录拍摄的对象，放进我的影片里。如前面说过的，我原先的设想是，我和老郭关注的对象都是流动电影放映员和村民观众，只不过老郭要写的是文本民族志，我要拍的是影像民族志。但调查开始不久我就发现，我的拍摄根本无法去除老郭的影子。他是一个如此勤劳工作的人类学家，他和放映员们随时在一起，随时为了获取资料而访问、交谈；他和放映员及村民们坐在一起看电影、吃东西、抽烟、打牌……有时放映员架摄影机或拉屏幕的时候，老郭甚至也变成了放映员的得力助手，帮他们拉线、打电筒。即使不能去打扰放映员，需要和放映员们保持一定距离的时候，他也静静地在旁边观察他们，我觉得把这样的镜头拍摄进来也是必要的。总之，我的电影里不可能假装他不存在。更何况，这个电影是因他的研究项目而引起的，所以，他应该成为这个片子的一个主角。甚至，他的调查研究可以是我的片子的一条线索。我想起影视人类学电影的实践者 Judith MacDougall（Barbash，Taylor，1996：381）曾经说过的一句话："如果让我和一个人类学家一起工作相当长一段时间，我肯定会把他/她拍进去当作影片的中心角色。"

我把这个想法和老郭商量了。一开始他有点不愿意，因为他觉得主角应该还是放映员和村民。不过不久他就默许了，也许他也发现他不能避免在摄像机前出现。刚开始被拍时他略有些别扭，过几天之后他自然多了。当把老郭也拍进电影后，我觉得他和放映员一样，扮演的角色变得更多重了。①他仍然是一名人类学的田野调查者，他的采访、参与、观察主要是为他的研究收集信息。②在与放映员良好的合作互动中，他变成了放映员的得力助手，甚至电影放映的顾问，因为放映员有时会征求他的意见："郭老师，你说我们今天放哪部电影好？"③尽管他的职业身份是云南大学新闻系的老师，他也这么告诉放映员和村民，但后来我们了解到，其实好多当地人把他（也包括他团队里的我们）当作前来采访的新闻记者。④他成了我的影片的被拍摄对象，而且是主角之一。⑤他成了我的影片的非常重要的共谋者。不是说没有把他拍进来以前，他就跟电影拍摄一点关系也没有，毕竟是他邀请我来拍这个片子的，只是在把他纳入被拍摄对象以前，我们的合作关系似乎是：他调查他的，我拍的东西跟他的调查本身没什么关系，他只是在镜头后面向我提供一些信息。而当把他纳入被拍摄对象以后，我们的合作关系变成了：他调查他的，我拍他在调查，他在镜头前一边调查他的，一边为拍摄提供信息。当被拍摄变得比较自然以后，有时他会忘记摄像机的存在，像放映员一样该干什么该什么；而有时候我发现他非常惦记摄像机的存在，变成了纪录影片更为主动的谋划者，比如他会来提醒我，应该拍拍这个，拍拍那个；他甚至会在并没有谁要求的情况下主动充当影片的采访者，请放映员谈谈某方面的问题——有的问题他以前早已知道，但他在摄像机面前再次聊起这个，是为了影片能够收录进他认为必要的信息。

当老郭的角色变得多重以后，我发觉我的观察视点也变了，我眼前的观察对象和我自己呈现一种层层叠叠的看与被看的关系（如图1所示）。

图1　重重的看与被看示意

B是电影放映员，C是他放映的屏幕或电影，D是观众：B为D放映C，D观看C；在B、C和D的云朵上方，管理流动电影放映的部门A在观看他们，监督着乡村流动电影放映的程序。

A、B、C、D共同构成了一幅乡村流动电影放映的景象，在他们构成的这个圈子之外，作为人类学调查者的老郭E在观看他们，力图洞察流动电影放映所折射出的文化、权力、媒介、国家、地方……

我是F，我把A、B、C、D和E当作观察和拍摄的对象，通过我的方形摄像取景框框住A、B、C、D、E，记录他们之间发生的事件，尝试通过拍摄来呈现事件、答疑解惑。

G代指调研团队里的其他成员：罗老师、小张老师、小杭。他们游移于我和老郭之间，有时他们和老郭一样，是被我拍摄进去的调查人员；有时他们和我一起在拍摄，观察A、B、C、D、E；他们有时站在我身后，把我也拍进他们的照相机里去。

距离我最近的是老郭E，因为我拍摄他的时候总在想象，我如果像他一样来做这个主题的人类学调查，应该怎么做？我手持摄像机的调查发现，和他不持摄像机的调查发现，究竟有何不同？

影视人类学界以往关于拍摄及观看关系的论述，主要围绕拍摄者、被拍摄的主体以及影片观众的三角关系进行。而我所涉及的拍摄及观看呈现了更为复杂的关系，因为每一个主体后面都有另一个主体在对其进行观看。而这种观看，可以与“窥探”相联系以进行分析。关于窥探，John Ellis 曾有论述：“窥探”一词意味着观看者的权力凌驾于他们所看到的事物之上。这并不是说观看者有任意改变的权力，而是说正在发生的所有行为都是为了观众的观看而展开的（Ellis，1992；巫鸿，2009）。

Ellis 后面的分析更多的是针对电影与观众之间的观看关系而展开的，他把观众对电影的观看也视为“窥探”，所以电影里所发生的事件都是为了观众的观看才展开的。如果是这样，那么在我绘制的示意图里，D 对 C 的观看就是窥探了。但是因为我的图景中所包含的主体是多重的，“窥探”也就变成了多重的：A 对 B、C、D 的窥探，E 对 A、B、C、D 的窥探，F 对 A、B、C、D、E 的窥探。

如果暂时抛开位置过于灵活的 G 不谈，在 A、B、C、D、E、F 里面，乍一看似乎我，F，是最具有观察权力的，凌驾于其他主体之上，手持摄像机跟在其他人后面，窥探和记录他们的言行。但情况可能并非如此。

首先，对于上面所说的每一层窥探，其界限都不是固定的。比如，在常规层面，A 所窥探的是 B、C、D，但如果需要，A 窥探和监测的对象可以延展到 D、F、G；又如，就任务而言，B 主要负责窥探 D，但就好奇心和兴趣而言，B 可能更愿意窥探 E、F、G。

其次，在每一种窥探中，不仅存在正窥探，而且必然也存在反窥探，即前面讨论过的“反视”。这一点更为重要，我在以前的相关研究中也进行过类似分析（张静红，2009）。最典型的例子莫过于 D，它看似这个图景中最弱势的一个群体，它在看的是电影，然后它被所有其他主体观看和窥探。可是如前文所述，D 其实具备相当大的潜能去反视正在窥探他的人，从而成为主动的窥探者。特别在洛松次林等几个小孩子提醒别人我在拍摄并将我摄入他们的手机的例子中，不是他们的行为是为了我的观看而展开的，相反，情况变成了我的拍摄是为了他们的观看而展开的。而对 B 和 E 来讲，他们以非直接的方式对我这个跟随拍摄者进行反视，他们在镜头前尽力表现自如，或故意不作声，或故意作声，都是对我的拍摄的存在的一种反应，一种间接的反视。赫兹菲尔德（2005）就曾总结道：“人类学界一直有一种错误的观点认为，观察是主动的观察者的工作，与被动的民族志研究主体无关，这一看法需要转变。”

所以就图1中所有的主体而言，很难说到底谁是最具有权威的、凌驾于所有其他主体之上，主动者和被动者之间的界限也无法分出。或者换句话说，我将其他主体，包括作为人类学家的老郭，都放进我的拍摄里，并非志在将自己放在一个高高在上的位置以凌驾他人的眼光来审视一切。相反，站在这个视点，可以令我在观看别人的同时不断反思自己在整个图景中的位置，并提醒自己注意有谁在窥探我，从而最后像格尔兹（Geertz，1983）所说的“像他人看我们一样审视自身”。

五　总结：观看他者和反视自我的观察式电影

本文是围绕藏区流动电影的拍摄所进行的反思。在无法清楚记录观众观看电影的表情和声音，并且存在语言障碍的条件下，一部观察式纪录片只有在不可预期的变化中调整拍摄策略，利用外围时空，借跨语言的视觉交流以探悉观众对流动电影的反应。这种探悉的路径，不是直白的表现、征询和例证，而是意会性和隐喻性的揭示及阐释。如此的探悉方式，将“观众为何乐此不疲地观看露天电影”这一问题阐释为合作分享的集体性参与、跨语言的反视性视觉游戏对宏大视觉展演的消解和对日常生活多义性的还原。另一拍摄策略的调整，即把人类学调查者老郭也纳入镜头，则使拍摄站在一个多重观察与被观察、窥视与反窥视的情境中，促使拍摄者在观看和诠释他者的同时也反思和诠释自身，即一次调整拍摄策略的观察式纪录，不仅试图从别的途径中理解他者是什么和为什么，同时也意在对人类学的田野调查及观察式电影本身的自我知识进行反思。

美术史家巫鸿（2009）的著作《重屏：中国绘画中的媒材与再现》，通过对屏风在中国传统绘画中被表现的种种形式，对什么是传统中国绘画进行了探讨。在他看来，对一幅画做的研究不应仅牵涉图画再现，即图画里画了什么内容，还应牵涉图画媒材，即一幅画作本身是作为什么样的载体、在什么样的情景中出现和被观看的。如同本文所探讨的“看电影”一样，看电影的前后过程、背景原因等的重要性有时超过了电影内容本身。

巫鸿将那种既指涉图画再现，也指涉图画媒材的绘画称为“元绘画”，例如五代时期周文矩所绘的《重屏会棋图》（见图2）。

图2　周文矩《重屏会棋图》（10世纪画作的明代摹本）

资料来源：北京故宫博物院。

这幅画中有多重屏风，每一扇屏风里绘有一个世界，分别代表文人士大夫不同层次的生活理想。这多重屏风构成了画中画。在巫鸿看来，这幅画不仅对以往中国传统绘画中表现多重屏风的主题进行了创造性的再现，同时这种画里的画、屏风里的屏风（周文矩这幅画本身最先作为屏风而出现）的形式还能促使观众在迷惑之余去努力反省承载画的媒材所具有的力量。巫鸿的论述涉及绘画史中种种复杂的风格、视点、环境等问题，许多方面不能与我所探讨的观察式电影一一对应。但他关于多重屏风和“元绘画”的分析对我所讨论的关于流动电影放映的观察式纪录拍摄具有重要的启示意义。巫鸿力求用“元绘画”来回答什么是传统的中国绘画，他总结说：真正的“元绘画”所展现的传统中国绘画的自我知识必须是双重的，同时是对媒材和再现的指涉。要同时展示这两点，一件“元绘画”必须是反思性的，要么反思其他绘画，要么反思自己。前者是相互参照，后者是自我参照（巫鸿，2009）。

如果这个思路可以被遵循且需要活用的话，那么我会问“什么是人类学的观察式电影”？答案可以是：真正的人类学观察电影所展现的电影的知识必须是双重的，它必须是反思性的，它既是对所观看对象和内容的反思性阐释，又是对拍摄者本身自我存在的反视性观照。

参考文献

[1] 郭建斌、刘展（2010）：《从“制度人”到“社会人”：农村电影放映员的社会角色及其变迁》，载《2010年中国传播学论坛“全球传播，本土视野”国际学术研讨会中文论文集（A－R）》。

[2]〔美〕麦克尔·赫兹菲尔德（2005）：《什么是人类常识：社会和文化领域中的人类学理论实践》，刘珩译，华夏出版社。

[3]〔美〕巫鸿（2009）：《重屏：中国绘画中的媒材与再现》，文丹译，上海人民出版社。

[4] 张静红（2009）：《田野合作中的互视》，载木霁弘编《文化的视野——语言、民俗、影视》（第3卷），云南美术出版社。

[5] Barbash, Ilisa, Lucie Taylor (1996), “Reframing Ethnographic Film: A ‘Conversation’ with David MacDougall and Judith MacDougall,” *American Anthropologist*, 2.

[6] Clifford Geertz (1983), *Local Knowledge* (New York: Basic Books).

[7] Ellis, John (1992), *Visible Fictions: Cinema, Television, Video* (London, New York: Routledge).

[8] Foucault, Michel (1973), *The Order of Things: An Archeology of the Human Sciences* (New York: Vintage).

[9] Giddens, Anthony (1979), *Central Problems in Social Theory: Action, Structure and Contradiction in Social Analysis* (London: Macmillan).

[10] Handelman, Don (1990), *Models and Mirrors: Towards an Anthropology of Public Events* (Cambridge: Cambridge University Press).

[11] Henley, Paul (2004), “Putting Film to Work: Observational Cinema as Practical Ethnography,” in S. Pink, L. Kurti, A. Afonso, *Working Images: Visual Research and Representation in Ethnography* (London: Routledge).

[12] MacDougall, David (1978), “Ethnographic Film: Failure and Promise,” *Annual Review of Anthropology*, 7.

[13] MacDougall (1998), *Transcultural Cinema* (New Jersey: Princeton University Press).

[14] Scott, James C. (1985), *Weapons of the Weak: Everyday Forms of Peasant Resistance* (New Haven: Yale University Press).

图书在版编目（CIP）数据

全球视野下的人类学 / 谢尚果，秦红增主编．-- 北京：社会科学文献出版社，2019.10
（《广西民族大学学报》人类学文萃）
ISBN 978 - 7 - 5201 - 5065 - 1

Ⅰ．①全… Ⅱ．①谢… ②秦… Ⅲ．①人类学 - 文集 Ⅳ．①Q98 - 53

中国版本图书馆 CIP 数据核字（2019）第 118451 号

·《广西民族大学学报》人类学文萃·
全球视野下的人类学

主　　编 / 谢尚果　秦红增

出 版 人 / 谢寿光
组稿编辑 / 刘　荣
责任编辑 / 单远举
文稿编辑 / 王春梅

出　　版 / 社会科学文献出版社 · 联合出版中心（010）59367011
地址：北京市北三环中路甲 29 号院华龙大厦　邮编：100029
网址：www.ssap.com.cn
发　　行 / 市场营销中心（010）59367081　59367083
印　　装 / 三河市尚艺印装有限公司

规　　格 / 开 本：787mm × 1092mm　1/16
印 张：14　字 数：221 千字
版　　次 / 2019 年 10 月第 1 版　2019 年 10 月第 1 次印刷
书　　号 / ISBN 978 - 7 - 5201 - 5065 - 1
定　　价 / 99.00 元

本书如有印装质量问题，请与读者服务中心（010 - 59367028）联系